养热带鱼 & 水草

你学得会

主　编：王　婷

参　编：陈亚明　　肖剑飞

　　　　谭　杰　　陈伟建

海峡出版发行集团 | 福建科学技术出版社

THE STRAITS PUBLISHING & DISTRIBUTING GROUP | FUJIAN SCIENCE & TECHNOLOGY PUBLISHING HOUSE

序一

从开始写书至今，历时十多个年头，我已经和福建科学技术出版社合作出版图书共计9本，这9本书基本囊括了水族行业近十几年来所有流行的品种。我本才疏学浅，却在众人的帮助下完成了这些书的编写，感谢这十几年来一直支持我的读者、一直帮助我的圈中好友和一直默默支持我的家人。

此刻你看到的这本《养热带鱼 & 水草　你学得会》，无论从内容、排版还是印刷，都是这9本书里我最为满意的。这本书主要介绍了淡水热带鱼和水草的品种、养殖前的准备、选购常识、日常养鱼知识、水草造景的布置和打理、热带鱼繁殖、疾病防治等知识。热带鱼和水草是这几年颇为流行的品种和养殖模式，希望本书介绍的内容能助你养鱼生活一臂之力，让你的爱鱼生活得更好。

在水族圈里的十几年，接触过太多喜欢观赏鱼的从业者、爱好者，我喜欢和这些人交朋友，因为他们诚挚、真性情、洒脱，这或许是因为喜欢和鱼儿交朋友的人大都会像鱼儿一样自由自在、性格不羁。每天只要看到那一缸的碧绿和心爱的鱼儿，给它们喂喂食，你便会忘却一天的烦恼与忧愁，顿时心情舒畅。这也是我为什么喜欢观赏鱼、喜欢这个行业的原因。

最后，感谢"逆天行刀"潘俊先生在百忙中抽空帮我校对，感谢赵曦和孙茂海先生为本书提供精美的插图，感谢"碧程水族"吴勐先生对本书坦鲷部分的支持，感谢"疯狂水草"为本书提供水草和器材图片；还要感谢这些年一直支持我的北京海洋馆、《中国观赏鱼》杂志的各位同仁、《水族世界》杂志的各位同仁、仟湖水族、统发科技、王德良老师、丁宏伟总裁、沈希顺总裁，感谢我大学时期的老师乔秀亭教授和魏东教授，在此谨向你们表达我深深的敬意和感谢。

2016 年 12 月于北京

序 二

　　水草造景是把自然界的景观与生态系统微缩至玻璃缸中，用于家居或办公等场所的装饰。随着全球城市化速度的加快，水草造景很快在欧洲等发达国家兴起，并得到快速发展，又因其与中国传统的盆景设计相近，构成自然感觉极强的生态景观，摆放在家里还可以改善湿度，所以近些年来水草造景逐步被大家所熟知、接纳，并逐渐流行起来。"疯狂水草"在这个流行趋势的带动下，本着最专业的态度服务于广大爱好者，逐渐得到了行业内的认可，成为中国最大的自然水景销售与推广的知名品牌。

　　此次受王婷女士的邀请，很荣幸参与了《养热带鱼＆水草 你学得会》一书的编写。这本书从专业的角度全面介绍了热带鱼的知识，一般家庭养殖也喜欢把热带鱼放在水草环境中去养，加之近几年水草造景的流行，所以书中在水草部分加重了笔墨，成为了该书的亮点。为了让读者更好地了解水草和水草造景，"疯狂水草"为该书水草和水草造景部分提供了精美的图片，每张都用心拍摄，以达到最好的效果，希望能给读者启发。关于水草鉴赏、水草如何造景、水草造景的维护、水草病害的防治，本书也从最专业的角度阐述，详尽而系统，希望能给喜欢水草造景和热带鱼的朋友带来帮助。

　　关于水草造景，"疯狂水草"也一直在努力。为了让更多的水景爱好者能够体验自然的美丽，我们在2012年创办了中国第一档自然水景访谈类教学节目《疯景谈》，有超过300万水草玩家通过该节目学习与交流。2014年，"疯狂水草"在北京开设了目前中国最大的自然水景展览馆，希望更多的朋友们可以亲身体验这门神奇的关于自然的艺术。

　　最后，希望广大读者能因为阅读此书而获得帮助，希望水草行业的从业者能更加专业和专注地发展中国水草造景事业，希望能有更多的人喜欢水草造景并从水草造景中获得乐趣。

疯狂水草

Contents

目 录

◆ 水草品种 / 052

◆ 养鱼前的准备 / 070

◆ 我想繁殖热带鱼 / 149

◆ 鱼儿生病了怎么办 / 158

初识热带鱼

了解产地与外部形态特征

热带鱼指热带观赏鱼，包括热带淡水鱼和热带海水鱼。本书重点介绍热带淡水鱼，下文皆简称热带鱼。

热带鱼生活在江河、溪流、湖泊等淡水水域中，原产地主要在东南亚、中美洲、南美洲和非洲等。其中，以南美洲的亚马孙河水系出产的最多，而且种类繁多、形态优美，因此有人将亚马孙河称为热带鱼宝库；其次是东南亚，如印度尼西亚、泰

荷兰凤凰

国、马来西亚等地，也出产不少热带鱼；在非洲，则以非洲三大湖出产的慈鲷科热带鱼最多；在中美洲，以出产花鳉科的热带鱼较多。

多数热带鱼原产于热带地区，一般需要20℃以上的饲养水温；还有一些鱼本来并不产于热带地区，而是原产于亚热带甚至温带地区的品种，人们有时候也将其称为热带鱼。当然，并不是所有的热带鱼都存在于天然水域。许多美丽的热带鱼，是人们经千百年来不断地优选、杂交并在人工水体中定向培育获得的新品种，如人工育种的罗汉鱼和血鹦鹉等。

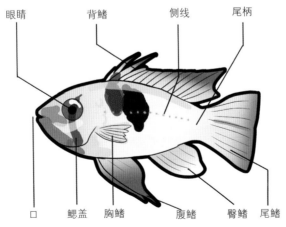

热带鱼外部形态特征

有传说饲养热带鱼起源于古代的埃及与罗马，距今已有 2000 多年。但近百年来，热带鱼饲养才逐渐在世界各地流行。我国饲养观赏热带鱼也有 70 多年的历史，由于地理位置和历史的原因，我国最初饲养热带鱼的地方是广州和上海。改革开放后，热带鱼通过广州涌入北京的市场，又通过北京辐射到附近的省、市、区，水族商店越来越多，各种鱼展、大赛争相举办，热带鱼终于在消费市场占领了一席之地。

了解基本外形

热带鱼基本的外形包括侧扁形、三角切面形、刀形、纺锤形、扁平形、条形等。侧扁形的热带鱼有神仙鱼、七彩神仙鱼等，三角切面形的热带鱼有琵琶鼠等，刀形的热带鱼主要是七星刀等，纺锤形的热带鱼主要有孔雀鱼、红剑等，平扁形的热带鱼主要有魟鱼，条形的热带鱼主要为龙鱼等。

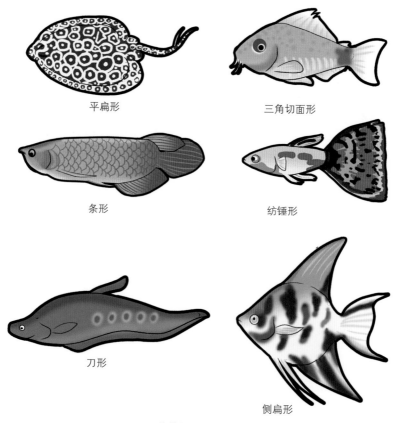

平扁形　　　　　　　　三角切面形

条形　　　　　　　　纺锤形

刀形　　　　　　　　侧扁形

热带鱼基本外形

了解内部结构

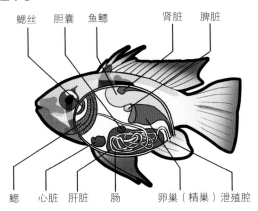

鳃丝　胆囊　鱼鳔　　　　肾脏　脾脏

鳃　　心脏　肝脏　肠　　　卵巢（精巢）泄殖腔

热带鱼内部结构

◆ 鳃和侧线

热带鱼的鳃是用来呼吸的，通过一张一合进行渗透压的调节，从而使热带鱼很好地在水里生活。眼睛是用来看东西和寻找食物的，再配合嗅觉和侧线的感知来辨别食物。侧线是热带鱼的感觉器官，用来感知周围的一切，也算是热带鱼的眼睛了。

◆ 皮肤

皮肤是热带鱼重要器官之一，覆盖着美丽的鱼鳞，具有欣赏价值，更重要的是具备许多其他的功能。首先，皮肤是防止水不受控制地侵入身体内的隔水层，有了这层隔水层，热带鱼才能在水中自由地生活。其次，皮肤可以和鱼鳞一起保护其内部器官。最后，皮肤还可以分泌黏液，形成鱼体第一道保护层，这对热带鱼来说非常重要。黏液是保护身体不受病菌（包括细菌、病毒、真菌）和寄生虫侵害的第一道物理屏障，有了

这道屏障，病菌和寄生虫就能被黏液中的抗菌物质杀死，减少热带鱼患病的概率。此外，黏液还可以降低热带鱼游动时的阻力。

◆ 鱼鳔

鱼鳔是一个位于消化道上方的气囊。鱼鳔的主要作用是让鱼儿可以在水中上下自由沉浮。如果鱼鳔出了问题，热带鱼就只能肚皮朝天浮在水面上或在水面不停打转，而无法沉到水中。出现这种状况一般来说无药可治，直到热带鱼耗尽体力而死亡。

◆ 肾脏和肝脏

像人类一样，热带鱼的肾脏和肝脏是热带鱼身体内非常重要的两个器官，起着分解体内有毒物质和维持身体内液体平衡的作用，任何一个器官不工作，热带鱼都将因身体内的毒素过多或身体内溶液无法平衡而死亡。

不同养殖方式和造景

　　热带鱼分布不同，习性不同，因此养殖方式也大相径庭。根据热带鱼养殖方式的不同，现在家庭饲养中常见有以下几种造景模式。

◆ 小型鱼和水草造景

　　小型鱼大多生活在亚马孙河流域，适合与水草饲养在一起。现在市面上常见的水草造景风格则是以亚马孙河流域的热带雨林为范本来造景，主要以水草泥或沙子作为底沙，以沉木、石材和水草造景，总体感觉细腻别致，观赏性非常强，小型鱼在其间游动，更是相得益彰，格外漂亮。

小型鱼和水草造景示例

小型鱼和水草造景示例

◆ 三湖慈鲷类造景

　　非洲三湖慈鲷类喜欢较硬的水质，所以比较适合的造景模式是使用含有碳酸钙的珊瑚沙或大理石沙作为底沙，然后配备简单石材作为装饰。由于生活水质硬度高，所以不适合水草存活，造景中一般都放弃水草。大部分非洲三湖慈鲷地域性非常强，经常为争夺地域而进行你死我活的争斗，为了减少争斗，在水族箱造景过程中应尽量选择大的水族箱。造景时可以多制造一些洞穴，让弱势的鱼有躲避的场所。此外有一些坦鲷有用沙洗鳃的习性，在铺设底沙时应选用细沙。有的坦鲷喜欢占据贝类、螺类的壳栖息，可在底沙上零散放一些贝壳和螺壳。

三湖慈鲷类造景示例

三湖慈鲷类造景示例

◆ 大中型热带鱼造景

　　大中型热带鱼造景尽量要简单一点，主要突出"鱼"而不是"景"，一般不推荐采用水草造景作为装饰，因为大型鱼行动力和破坏力都很强，对水草造景有一定破坏性。罗汉鱼一般采用火山石作为底沙，红色的火山石搭配罗汉鱼的体色，非常漂亮。龙鱼则一般选择雨花石作为缸底装饰物，混养血鹦鹉或魟鱼作为搭配，是龙鱼最为合适的造景模式。其他大中型鱼，包括美洲慈鲷、血鹦鹉等，则可根据个人爱好，搭配雨花石或假水草等作为缸底装饰物进行布置。

大中型热带鱼造景示例

大中型热带鱼造景示例

◆ 其他造景

现在市面上非常流行水陆缸造景模式，一部分水草在水中，一部分水草在水外，好看也好打理。这种造景的容器选择更加多样化，不光局限在鱼缸，家里的玻璃杯、玻璃瓶等都可以用来造景，更加随意。

其他造景示例

热带鱼品种

热带鱼按照科目分为：鲤科、脂鲤科、鳉鱼科、攀鲈科、鲶科、鳅科、虹银汉鱼科、慈鲷科、骨舌鱼科等。

鲤科

鲤科鱼类种类繁多，分布广泛，主要分布在南亚和非洲。鲤科鱼的特征是鱼的咽喉处有咽喉齿；身体呈流线型，游速快；尾鳍呈叉形。此类鱼容易饲养，对水质没有特殊的要求。

鲤科鱼类的外形特点
A. 口内有咽齿 B. 身体流线型，游速快 C. 尾常呈叉形

绿虎皮

分布	泰国、印度尼西亚苏门答腊	最大体长	6厘米
饲养水温	24～28℃	水质	弱酸性至中性

特性：体侧扁呈高菱形，通体呈墨绿色，为虎皮鱼的绿色变异，某区域为橘色，尾鳍透明。体质强健，性情比较好斗，会追咬其他鱼类，不能和性格温和的鱼种混养。杂食性，可以喂食人工饲料和红虫等。

斑马鱼

分布	印度、泰国、缅甸、孟加拉国	最大体长	5厘米
饲养水温	20～25℃	水质	弱酸性至中性

特性：从背部至腹部、臀鳍有多条深蓝色条纹与身体并行直达尾鳍，满身条纹似斑马而得名。性情温和，活泼好动，喜欢群游。杂食性，可以喂食人工饲料和红虫等。

蓝三角

分布	泰国、马来半岛、苏门答腊	最大体长	4厘米
饲养水温	24～28℃	水质	弱酸性

特性： 躯干中部至尾部有一块蓝色三角斑，闪闪发出蓝光。性情温和，活泼好动，喜欢群游。杂食性，可以喂食人工饲料和红虫等。

一眉道人

分布	印度西部溪流	最大体长	15厘米
饲养水温	24～28℃	水质	弱酸性至中性

特性： 从头部至尾柄部贯穿一条黑色纵带，此带上方1/3长度有一条从嘴部开始的红色纵带。性情温和，适合与其他小型鱼混养。特别适合草缸，高耗氧，饲养时一定要保证水族箱内含有充足的氧气，不挑食。

小猴飞狐

分布	泰国境内的湄公河流域	最大体长	12厘米
饲养水温	22～25℃	水质	弱酸性至中性

特性： 细长的身体上有着与白玉飞狐类似的网状纹路，在尾柄上有一明显的大黑斑，喜欢生活在充满砾石的溪流河床上。它们会一刻不停地四处搜寻藻类食用，对于清除缸内藻类非常有帮助。

红尾黑鲨

分布	泰国、马来西亚	最大体长	12厘米
饲养水温	22～26℃	水质	中性至弱碱性

特性： 喜欢在水体中下层活动。全身乌黑，尾鳍鲜红，黑红相配，华美鲜丽。尽管名为红尾黑鲨，但实非鲨类科属成员。具有与同类相争的习性。

脂鲤科

脂鲤科鱼类主要分布于非洲和美洲，种类繁多，主要以小型鱼为主。此科鱼最大特征为第二背鳍是脂鳍（无鳍条的小鳍），另一特征是口中具有细齿，从外面就可看到。此科鱼类体质健壮，体色呈闪亮颜色，容易饲养，适合生活在弱酸性的软水中，喜食动物性饵料。

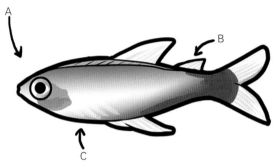

脂鲤科鱼类的外形特点
A. 口中有齿 B. 背部有脂鳍（无鳍条） C. 体色常呈闪亮颜色

红绿灯

分布	亚马孙河上游流域	最大体长	4厘米
饲养水温	24 ~ 28℃	水质	弱酸性

特性：身体侧线上方有一条霓虹纵带，从眼部直至尾柄前，尾柄处颜色鲜红。喜欢安静，胆小，不喜强光，喜欢群游。杂食性，线虫、人工饲料等均可摄食。

宝莲灯

分布	亚马孙河流域	最大体长	4厘米
饲养水温	24 ~ 28℃	水质	弱酸性

特性：和红绿灯相似，最大的区别是身体上半部有一条明亮的蓝绿色带，发出金属光泽，下半部是一条红色色带，贯穿全身。此鱼适合群养，一起游动时像能发出光亮一般。杂食性，投喂线虫和人工饲料均可。

绿莲灯

分布	尼罗河流域	最大体长	3 厘米
饲养水温	24 ～ 28℃	水质	弱酸性

特性： 霓虹灯似的蓝圈圈住眼眶，这蓝色的直线再一直延伸通过体侧止于尾鳍前端，非常漂亮。性情温和，适合群养。杂食性，投喂线虫和人工饲料均可。

红鼻剪刀

分布	秘鲁、巴西	最大体长	5 厘米
饲养水温	24 ～ 28℃	水质	弱酸性

特性： 头部为红色，并延伸到鳃盖后缘，尾鳍黑白交错。性情温和活泼，喜群游，杂食性，对饲料要求不苛刻，鱼虫、人工饲料等均可摄食。

刚果扯旗

分布	刚果	最大体长	10 厘米
饲养水温	24 ～ 26℃	水质	弱酸性

特性： 非常珍贵的品种，具有珍珠般的大鱼鳞，尾鳍中央突出，成为三叉尾。性情温和，适合与其他小型鱼混养。杂食性，鱼虫、人工饲料等均可摄食。

企鹅灯

分布	巴西亚马孙河某支流水域	最大体长	4 厘米
饲养水温	24 ～ 28℃	水质	弱酸性至中性

特性： 身体两侧都有一条黑色粗条纹，由于尾鳍下部倾斜，黑色条纹也弯下一段。性情温和，喜欢群游。杂食性，线虫、鱼虫、人工饲料等均可摄食。

黑裙

分布	亚马孙河流域	最大体长	8 厘米
饲养水温	26 ~ 28℃	水质	弱酸性至中性

特性：背鳍、脂鳍、臀鳍均黑色，尾鳍深叉形透明无色。臀部与腹部一样宽大，臀鳍宽大并延长直至尾柄，构成奇特的形体。喜食活食，但也可投喂人工饲料。

火焰铅笔

分布	亚马孙河上游流域	最大体长	4 厘米
饲养水温	24 ~ 26℃	水质	弱酸性至中性

特性：体侧的 3 条黑色纵纹，分别在脊背顶端、体轴略下方及腹部，中央一条最为宽阔明显。雄鱼发色后体侧中央会有一条超红的色带，故名"火焰"。喜欢独居，领地意识强，比较好斗。杂食性，人工饲料和鱼虫均可投喂。

尖嘴铅笔

分布	亚马孙河中上游流域	最大体长	6 厘米
饲养水温	22 ~ 28℃	水质	弱酸性至中性

特性：体色基底为土黄色，脊背部有一道深棕色带，体侧从右下嘴唇开始，穿过眼，向后延伸出一条极宽的黑色色带，一直覆盖到尾鳍下半叶。各鱼鳍除尾鳍下半叶外，其余均透明，臀鳍基部有一个小红斑，十分醒目。性情温和，喜食水底饵料碎屑。

玻璃霓虹灯

分布	圭亚那淡水流域	最大体长	5 厘米
饲养水温	22 ~ 26℃	水质	弱酸性

特性：体侧中部从头到尾有一条红色条纹，背鳍前端也有红蓝色斑纹，体色艳丽明亮。性情温和，喜欢群游。杂食性，鱼虫、人工饲料等均可摄食。

大肚银燕

分布	亚马孙河流域	最大体长	8厘米
饲养水温	22～28℃	水质	弱酸性至中性

特性：腹部如同大肚般突出，具有大大的胸鳍，体侧扁，性情温和，常在水表层游动，喜欢吃浮在水面的饲料。容易跳出缸外，需特别注意。

红尾金旗

分布	圭亚那淡水流域	最大体长	4厘米
饲养水温	24～28℃	水质	弱酸性至中性

特性：体侧扁呈纺锤状，体色透明，侧腹部有一明显大黑点，背鳍、臀鳍呈黄色或橘色，尾鳍呈红色。性情活泼，喜欢在水体中下层游动。鱼虫、线虫、人工饲料等均可喂食。

红印

分布	亚马孙河流域	最大体长	10厘米
饲养水温	24～28℃	水质	弱酸性至中性

特性：身体呈半透明桃红色，鳃盖后方有一明显红色斑点，所以称为"红印"。性情温和，适合群养。鱼虫、线虫、人工饲料等均可喂食。

血钻卢比灯

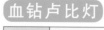

分布	亚马孙河流域	最大体长	2厘米
饲养水温	24～28℃	水质	弱酸性

特性：体侧扁呈纺锤形，头部较大，眼大。躯体体色为透明白色，眼轮上半部为红色，尾柄处有一大黑斑，比较娇嫩的品种，水质和水温不能有太大波动。喜欢群居，活饵和人工饲料均可投喂。

鳉鱼科

鳉鱼科的观赏鱼分为卵生和卵胎生两大类。

卵生鳉鱼大多体色艳丽，是极好的水族箱饲养鱼类，口上位，适宜在水面活动，背鳍、尾鳍常较大，体色艳丽，雄鱼尤甚。适应弱酸性软水，pH 在 6.5 ~ 7.5，喜欢老水，对水质变化十分敏感。卵生鳉鱼繁殖较难，因为此类鱼一般生活在干旱的环境下，到雨季才开始产卵，人工饲养此类鱼时，它们的受精卵必须经过一段时间的干燥保存，否则容易腐烂。下面将要介绍的黄金火焰鳉、粉红佳人鳉均属于此类鱼。

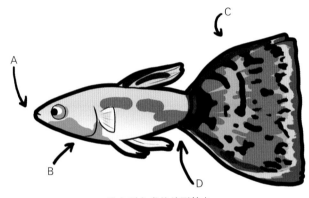

鳉鱼科鱼类的外形特点
A. 口上位，适于水面活动　B. 卵胎生雄鱼臀鳍呈棒状
C. 背鳍、尾鳍常较大　　　D. 体色艳丽，雄鱼尤甚

卵胎生鳉鱼的繁殖方式是母鱼直接生下小鱼，繁殖容易，所以杂交品种较多。此类鱼适应弱碱性水质，而且喜欢老水。以下介绍的鱼类除了上述两种属于卵生鳉鱼，其他均属于卵胎生鳉鱼。

黄尾礼服孔雀鱼

孔雀鱼

分布	委内瑞拉、圭亚那、西印度群岛	最大体长	5厘米
饲养水温	18 ~ 30℃	水质	弱酸性至中性

白化孔雀鱼

特性： 孔雀鱼是卵胎生鳉鱼的代表，其体型修长，尾巴像孔雀开屏一样，所以被称为孔雀鱼。雄鱼体色艳丽，有红、橙、黄、绿、青、蓝、紫等颜色。随着杂交选育，出现了各种体色和尾形的孔雀鱼。尾鳍的形状也多达10余种，有圆尾、三角尾、琴尾、针尾、尖尾、裙尾等。

　　该鱼适应能力强，性格温顺，从不欺负同种，适合与其他小型热带鱼混养。杂食性，对饲料要求不苛刻，鱼虫、丰年虾、人工饲料等均可摄食。

红礼服孔雀鱼

黄尾礼服孔雀鱼

蓝草尾孔雀鱼

蓝马赛克孔雀鱼

蓝蛇纹孔雀鱼

红剑

分布	北美洲、中美洲	最大体长	12 厘米
饲养水温	24 ~ 26℃	水质	弱酸性至中性

特性：雄鱼尾鳍下端延长似剑，剑长超过体长。适合与小型鱼混养，杂食性、鱼虫、人工饲料等均可摄食。

月光鱼

分布	墨西哥、危地马拉	最大体长	4 厘米
饲养水温	22 ~ 26℃	水质	弱酸性至中性

特性：胸腹部较圆，至尾部渐侧扁，头小眼大，吻端较尖。因为月光鱼容易变异，所以已稳定的品种不宜和剑尾鱼或其他月光鱼混养，以免后代发生变异。杂食性、鱼虫、人工饲料等均可摄食。

黄金火焰鳉

分布	加蓬、刚果等地的沼泽地区	最大体长	8 厘米
饲养水温	24 ~ 28℃	水质	弱酸性至中性

特性：体色、胸鳍橘黄偏红，背鳍、臀鳍与尾鳍橘色偏褐色。性情羞怯，对生存环境要求不苛刻，但若水质变动过大仍会使其死亡。活饵、人工饲料均可喂食。

粉红佳人鳉

分布	中亚、西非的水域	最大体长	13 厘米
饲养水温	24 ~ 28℃	水质	弱酸性至中性

特性：似血般的体色搭配上闪耀着蓝色光泽的鳞片，强烈的对比色彩，再加上楚楚动人的水蓝色眼眶，尽显独特气质。红虫等活饵、人工饲料都可以喂食。

攀鲈科

攀鲈科鱼类的主要特征为有一特殊呼吸器官——褶鳃。当水中缺氧时，攀鲈科鱼类可以游到水面用褶鳃吞咽空气中的氧气，所以一般不会发生因水中缺氧而窒息死亡的情况。口小，腹鳍特化成有触觉的须。此科鱼对水质要求不苛刻，容易饲养。

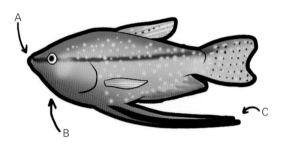

攀鲈科鱼类的外形特点
A. 口小　B. 具辅助呼吸的假肺（褶鳃）　C. 腹鳍物化成有触觉的须

蓝扇尾斗鱼

泰国斗鱼

分布	泰国、马来西亚、新加坡等	最大体长	8 厘米
饲养水温	22 ~ 24℃	水质	弱酸性至中性

特性：斗鱼体型呈纺锤形，侧扁，体色有鲜红色、蓝色、红蓝色、黑色、紫红色、杂色等多种色彩。各鳍长且大，尤以背鳍、尾鳍、臀鳍为最，展开后非常漂亮，尾鳍也分为二叉冠尾、纱尾等多种。斗鱼以好斗闻名，两尾雄性相遇时必定相互角斗，战败者侥幸生还也一蹶不振，失去原有的光彩。所以不能将一尾以上的成年斗鱼饲养在一起，但它们不和其他观赏鱼打斗，可以和其他观赏鱼放在一起饲养。雌斗鱼之间也不斗，但要雌雄之间辨别准确才可放在一起饲养。杂食性，对饲料要求不苛刻，鱼虫、丰年虾、人工饲料等均可摄食。

红蓝二叉冠尾斗鱼

中国斗鱼

分布	中国及东南亚	最大体长	10 厘米
饲养水温	23 ~ 26℃	水质	弱酸性至中性

特性：体型椭圆，侧扁，尾柄不明显；腹鳍胸位，第一鳍条延长呈丝状，也可称为胸针；背鳍、臀鳍、尾鳍明显；雄鱼体色较鲜艳，雌鱼体色较暗。根据尾鳍形状可分为圆尾斗鱼和叉尾斗鱼两种。性格好斗，不宜和其他观赏鱼混养，夜间比较活跃，喜食活饵，人工饲料也可投喂。

白扇尾斗鱼

吻嘴鱼

分布	马来西亚、印度尼西亚的爪哇岛等地	最大体长	5 厘米
饲养水温	22 ~ 28℃	水质	弱酸性至中性

特性：身体呈银色长圆形，嘴唇厚且大，两尾接吻鱼相遇时会嘴对嘴呈接吻状很长时间，它们一边接吻一边保持平衡，形成"A"字形、"V"字形、"一"字形，非常有趣。杂食性，能刮食附着的藻类。

珍珠马甲

分布	泰国、马来西亚、印度尼西亚的苏门答腊	最大体长	12厘米
饲养水温	22～28℃	水质	弱酸性至中性

特性：全身布满银色的珠点，腹鳍呈长丝形，可转动并当触角使用。平时性情温顺，到了繁殖期就变得暴躁、好斗，此时最好单独饲养。杂食性，喜食鱼虫等含有高蛋白的活饵。

蓝曼龙

分布	马来西亚、印度尼西亚的爪哇岛等地	最大体长	15厘米
饲养水温	22～28℃	水质	弱酸性至碱性

特性：全身散布着浅蓝色斑纹和黑斑，黑斑不整齐不规则，后两块较为明显。不要将一尾以上的雄鱼放到一起饲养，以免打斗。杂食性，鱼虫、人工饲料等均可摄食。

战船鱼

分布	越南、泰国、马来西亚	最大体长	60厘米
饲养水温	20～30℃	水质	弱酸性至中性

特性：属大型鱼，有很多变异品种，有的体色为白色，有的为金色，有的为棕灰色。不能和小型鱼混养，杂食性，幼鱼喜食红虫，长成后偏素食性，但可喂食人工饲料。

鲶科和鳅科

　　鲶科和鳅科同属于鲶形亚目，分布非常广泛，主要栖息在南美洲亚马孙河流域，也有栖息于北美洲、亚洲、非洲等地的热带及温带的淡水水域。本科鱼大多属于夜行性且喜欢单独生活，个别白天活动并成群结队。由于体型怪异，所以有"异形"之称。鲶科和鳅科鱼类都是口部具触须，且向下；鲶科鱼类一般背鳍有防御作用的硬棘；身体无鳞，有时具盾板。鲶科和鳅科鱼类大多为杂食性，喜食青苔，有清洁工的作用，是几乎所有水族箱都会饲养的品种。

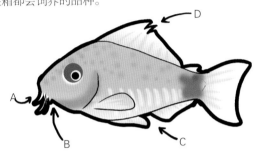

鲶科鱼类的外形特点

A. 起防御作用的背棘　B. 具有须　C. 口部朝下　D. 身体无鳞，有时具盾板

青苔鼠

分布	湄公河流域	最大体长	28 厘米
饲养水温	22 ~ 26℃	水质	弱酸性至中性

特性：身体修长，嘴部呈吸盘状，啃食岩石上的附着藻类，属于底栖性淡水鱼，适合与其他鱼类混养，清洁水族箱中的藻类。

琵琶鼠（清道夫）

分布	巴拉圭河流域	最大体长	50 厘米
饲养水温	20 ~ 28℃	水质	弱酸性至碱性

特性：因为喜欢吃食青苔和剩余残饵，有清理水族箱的作用，所以被称为"清道夫"。身体强壮，对污水有很高的耐受性，可以和很多观赏鱼混养。

咖啡鼠

分布	南美洲各水系水域	最大体长	6厘米
饲养水温	22～28℃	水质	弱酸性至中性

特性：具有深咖啡色斑纹，从头部后方延伸到尾部，因此而得名。身体强壮，胆小，可以和其他热带鱼混养，清除水族箱壁上的青苔和残饵。

国王豹鼠

分布	玻利维亚和巴西边境	最大体长	9厘米
饲养水温	24～28℃	水质	弱酸性至中性

特性：鱼体灰白色，皮肤粗糙，全身布满黑色小斑点，后部稍侧扁，尾鳍叉形。属于底栖鱼类，常在水底摄食食物残渣和缸壁上的藻类。

皇冠黑珍珠鼠

分布	玻利维亚和巴西边境	最大体长	7厘米
饲养水温	24～28℃	水质	弱酸性至中性

特性：头部短，短吻，且有点状花纹。鱼体两侧有7～8条斑点所组成的横条纹，点状网花延伸至背鳍、尾鳍及臀鳍。属于底栖鱼类，常在水底摄食食物残渣和缸壁上的藻类。

哥伦比亚白金皇冠豹

分布	哥伦比亚	最大体长	34厘米
饲养水温	24～28℃	水质	弱酸性至中性

特性：一条一条的银灰色和黑色线相间，背部高耸，背鳍和尾鳍边缘橘红色，眼睛红色。属于底栖鱼类，常在水底摄食食物残渣和缸壁上的藻类。

虹银汉鱼科

　　虹银汉鱼科的鱼类大多生活在澳洲与大洋洲，栖息地十分多样，从热带雨林支流、大江河川，甚至到入海口，都能看到它们的身影。该科鱼体型为纺锤形，头部尖小，整个身体能反射出各种不同颜色的光，非常漂亮，所以大多被称为"美人"。具有双背鳍，臀鳍较长，从腹部延伸至尾鳍，尾鳍深叉形。杂食性，喜食活饵，如红虫等，人工饲养时可以采用中性偏碱的水质，平时投喂鱼虫或人工饲料即可。该类鱼性情温和，可以和其他性情温和的小型鱼以及水草混养。

红苹果

分布	巴布亚新几内亚	最大体长	15 厘米
饲养水温	20 ~ 28℃	水质	中性至碱性

特性：鱼体呈纺锤形，侧扁，体色通红，鳞片有时还会反射出银色光芒，非常漂亮。杂食性，喜食活饵，人工饲养最好使用淡盐水，喂食人工饵料即可。

石美人

分布	巴布亚新几内亚	最大体长	15 厘米
饲养水温	20 ~ 28℃	水质	中性至弱碱性

特性：体色前半部偏蓝色，后半部偏橘黄色，身体上有不明显的两条深蓝色横斑，整个身体反射出各种不同颜色的光。杂食性，喜食活饵，人工饲养最好使用淡盐水，喂食人工饵料即可。

蓝美人

分布	巴布亚新几内亚的古图布湖与所罗河	最大体长	10 厘米
饲养水温	22 ~ 28℃	水质	中性至弱碱性

特性：鱼体纺锤形，侧扁，体表颜色分为上下两部分，上半部为蓝色，下半部为黄色，非常漂亮。杂食性，喜食活饵，人工饲养最好使用淡盐水，喂食人工饵料即可。

霓虹燕子

分布	巴布亚新几内亚	最大体长	5 厘米
饲养水温	22 ~ 28℃	水质	中性至弱碱性

特性： 鱼体色呈淡青色半透明状，有一对散发金属蓝色的眼睛，有两个鲜黄色的背鳍。喜欢在水体中上层活动，以动物性饵料为主食，也可接受人工饲料。

慈鲷科——非洲三湖慈鲷

慈鲷科鱼类色彩丰富，品种繁多，主要分布在非洲和美洲，非洲慈鲷主要集中在东非三大湖，即马拉威湖、坦干伊克湖和维多利亚湖，如马面、白马王子、火狐狸等。美洲慈鲷主要分布于南美洲，特别是南美洲的亚马孙河流域，如地图鱼、七彩神仙鱼、淡水神仙鱼等。

罗汉鱼和血鹦鹉也属于慈鲷科，但它们是由各种慈鲷人工杂交而成，由于种类繁多、色彩艳丽、通人性，所以非常流行。

慈鲷科观赏鱼主要有 5 个特征：一是头部两侧各有一个鼻孔，眼大，口咬合有力。二是侧线分为两条，背侧的侧线起始于头部，在体侧中央中断，腹侧的侧线由中断的侧线下方一直延伸至尾部。三是背鳍常有硬棘，背鳍、臀鳍和尾鳍较大。四是本科鱼类都有强烈的护幼行为，亲鱼对仔鱼保护得无微不至，甚至有的鱼把卵含在口中孵化，而且口孵期间根本无法进食，仔鱼孵化后亲鱼对其的看护也倍加仔细，遇到敌害或惊吓还会把仔鱼重新含在口中，待危险过后再吐出仔鱼。五是本科鱼如果雌鱼和雄鱼性格不合，就会不停地格斗，甚至斗死，饲养时最好把数尾一同放入水族箱中，让它们自行配对。

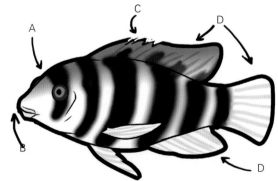

慈鲷科鱼类的外形特点
A. 眼大　B. 口咬合有力　C. 背鳍常有棘　D. 背鳍、臀鳍和尾鳍较大

阿 里

分布	非洲马拉威湖	最大体长	20 厘米
饲养水温	24 ~ 28℃	水质	中性至碱性

特性：整体呈现出亮丽的金属蓝色，性情温和，适合与其他慈鲷混养。杂食性，喜食红虫。

埃 及 艳 后

分布	非洲马拉威湖	最大体长	15 厘米
饲养水温	24 ~ 28℃	水质	中性至碱性

特性：体表为蓝色，腹部为黄色，性情温和，可以和其他慈鲷混养。杂食性，喜食活饵。

雪 鲷

分布	非洲马拉威湖	最大体长	12 厘米
饲养水温	24 ~ 28℃	水质	中性至碱性

特性：全身雪白，眼球为红色，非常明显。性情温和，可与其他慈鲷混养。杂食性，可喂食人工饲料和活饵。

雪 中 红

分布	非洲马拉威湖	最大体长	12 厘米
饲养水温	24 ~ 28℃	水质	中性至碱性

特性：野生湖产红色系的慈鲷非常少，雪中红就算其中一种，非常特殊。性情温和，适合与其他慈鲷混养。杂食性。

金松鼠

分布	非洲马拉威湖	最大体长	13 厘米
饲养水温	24 ~ 28℃	水质	中性至碱性

特性：身体呈金黄色，亮丽无比，像金色的松鼠，故而得名。有领域性，在产卵时有攻击性。杂食性，喜食活饵，人工饲养可喂食颗粒饲料、薄片等。

OB 孔雀

分布	非洲马拉威湖	最大体长	15 厘米
饲养水温	24 ~ 28℃	水质	中性至碱性

特性："OB"是"Orange Blotch"的缩写，意为"橙色的美人痣"。通常是人工改良的产物，体色像孔雀一样斑斓。可喂食人工饲料和冷冻饵料。

红珊瑚

分布	非洲马拉威湖	最大体长	18 厘米
饲养水温	24 ~ 28℃	水质	中性至碱性

特性：全身血红中夹杂着蓝色光芒，背鳍、尾鳍边缘亦为蓝色，整体看上去像红色的珊瑚一般，美丽无比。性情凶悍，不适合与其他鱼种混养。杂食性，可喂食冷冻饵料、人工饲料等。

火焰红

分布	非洲马拉威湖	最大体长	15 厘米
饲养水温	24 ~ 28℃	水质	中性至碱性

特性：人工改良品种，幼鱼时体色为橘黄色，成鱼体色为鲜艳的红色。杂食性，可喂食冷冻饵料、人工饲料等。

金头孔雀

分布	非洲马拉威湖	最大体长	10 厘米
饲养水温	24 ~ 28℃	水质	中性至碱性

特性：全身散发蓝色光芒，头部为金黄色，所以被称为"金头孔雀"。性情温和，可以和其他同类饲养。可喂食人工饲料等。

蓝宝石

分布	非洲马拉威湖	最大体长	12 厘米
饲养水温	24 ~ 28℃	水质	中性至碱性

特性：全身散发蓝宝石般光芒，颇为闪耀美丽。性情温和，可以和其他同类饲养。人工饲养可喂食人工饲料等。

蓝黎明

分布	非洲马拉威湖	最大体长	10 厘米
饲养水温	24 ~ 28℃	水质	中性至碱性

特性：背鳍和臀鳍黑色镶边，侧面的黄色明显，生活在马拉威湖沙地和湖底岩石交接的地方，靠捕食小型无脊椎生物生存。人工饲养时，可喂食人工饲料等。

台湾海峡

分布	非洲马拉威湖	最大体长	16 厘米
饲养水温	24 ~ 28℃	水质	中性至碱性

特性：身体两侧是由鲜艳的蓝色和黄色覆盖着，臀鳍呈现出妖媚的红色，如此亮丽的体色使它看上去十分漂亮，体侧有着阴影般竖形条纹。性情温和，可喂食冷冻饵料和人工饲料等。

雪花豹

分布	非洲马拉威湖	最大体长	24 厘米
饲养水温	24 ～ 28℃	水质	中性至碱性

特性：头部大，呈三角形，有非常厚实有力的嘴唇。各鱼鳍呈钻蓝色，头面、身躯呈深厚的铜金色，头顶及背部有时也为钻蓝色。在原产地喜欢把自己埋在沙子里，突然伏击其他小鱼，所以人工饲养需要铺设较厚底沙。

红马面

分布	非洲马拉威湖	最大体长	25 厘米
饲养水温	24 ～ 28℃	水质	中性至碱性

特性：体侧扁呈椭圆形，头部三角形，吻部粗壮强悍，眼中大，位置靠近头顶。身体为土黄及棕色杂驳的迷彩色，背鳍上缘及臀鳍呈橘色，尾鳍后缘染橘色。性情凶猛，不适合与其他观赏鱼混养。日常可喂食红虫、冷冻活饵等。

七彩天使

分布	非洲维多利亚湖	最大体长	14 厘米
饲养水温	22 ～ 28℃	水质	中性至碱性

特性：维多利亚湖出产的坦鲷数量非常少，常见情况下体色为黄色，颇为普通，只有发情期间才能发出耀眼的婚姻色，变得漂亮无比。杂食性，可喂食活饵和人工饲料。

黄宽带蝴蝶

分布	非洲坦干伊克湖	最大体长	15 厘米
饲养水温	22 ～ 28℃	水质	中性至碱性

特性：身体中央有一明显的黄色宽带，具有领域性，不能容忍同种鱼，但可和其他鱼混养。杂食性。

红宽带蝴蝶

分布	非洲坦干伊克湖	最大体长	15 厘米
饲养水温	22 ~ 28℃	水质	中性至碱性

特性：有各种颜色和形态，包括黄色腹部、有条纹的尾巴、彩虹条纹、横纹等。具有领域性，好斗，不能容忍同种鱼。杂食性，可喂食活饵和人工饲料。

皇冠六间

分布	非洲坦干伊克湖	最大体长	40 厘米
饲养水温	22 ~ 28℃	水质	中性至碱性

特性：淡蓝色的身体上有明显的粗黑竖条纹。性情温和，适合与其他慈鲷混养，杂食性，可喂食鱼肉、虾肉等。

萨伊蓝六间

分布	非洲坦干伊克湖	最大体长	35 厘米
饲养水温	22 ~ 28℃	水质	中性至碱性

特性：和皇冠六间相似，但体色更深，偏蓝黑色，动作缓慢优雅。饲养时可适当使用淡盐水，一旦水质合适，体色就变得颇为美丽迷人。杂食性，可喂食鱼肉、虾肉、人工饲料等。

黄金喷点珍珠虎

分布	非洲坦干伊克湖	最大体长	14 厘米
饲养水温	22 ~ 28℃	水质	中性至碱性

特性：嘴大，体表为黑色竖条纹。捕食能力强，不可和小鱼混养。杂食性，可喂食鱼肉或虾肉。

蓝波

分布	非洲坦干伊克湖	最大体长	10厘米
饲养水温	22 ~ 28℃	水质	中性至碱性

特性：全身闪烁着蓝光，性情温和，适合与其他慈鲷混养。杂食性，喜食活饵。

女王燕尾

分布	非洲坦干伊克湖	最大体长	9厘米
饲养水温	22 ~ 28℃	水质	中性至碱性

特性：尾鳍像燕尾一样，故而得名。性情温和，适合与其他慈鲷混养。杂食性，喜食活饵。

黄金叮当

分布	非洲坦干伊克湖	最大体长	5厘米
饲养水温	22 ~ 28℃	水质	中性至碱性

特性：体色呈黄金色，平时喜欢钻到贝壳里，性情粗暴。杂食性，可投喂人工饲料、冷冻活饵。

蓝剑沙

分布	非洲坦干伊克湖	最大体长	11厘米
饲养水温	22 ~ 28℃	水质	中性至碱性

特性：通体蓝色，尾鳍为黄色，嘴尖。杂食性，喜欢在可以躲藏的岩石环境里生活。以浮游生物为食，丰年虾或薄片饲料均可喂食。

尤庭塔剑沙

分布	非洲坦干伊克湖	最大体长	11 厘米
饲养水温	22 ～ 28℃	水质	中性至碱性

特性：体表颜色以蓝色和黄色为主，黄色为色素积累，蓝色要靠鳞片反光才能看到。以浮游生物为食，丰年虾或薄片饲料均可喂食。

双印剑沙

分布	非洲坦干伊克湖	最大体长	15 厘米
饲养水温	22 ～ 28℃	水质	中性至碱性

特性：剑沙中的经典品种，体色特殊，背鳍、尾鳍、臀鳍呈蓝色，整体非常漂亮。性情温和，不会去攻击其他鱼类，以浮游生物为食，丰年虾或薄片饲料均可喂食。

慈鲷科——美洲慈鲷

　　美洲慈鲷包括短鲷和在美洲生活的其他慈鲷等。短鲷的分类在分类学上是个模糊的概念，它包含在慈鲷科中。短鲷这个名词最初是由台湾的热带鱼玩家从英文"Dwarf Cichlid"翻译而来，"Dwarf"有矮小之意，而以下所介绍的荷兰凤凰、阿卡西短鲷、酋长短鲷是指南美洲热带河流中生长的身长小于 10 厘米的慈鲷品种。其余的品种都是生活在美洲亚马孙河流域的慈鲷类。

荷兰凤凰

分布	委内瑞拉、哥伦比亚	最大体长	5 厘米
饲养水温	25 ～ 28℃	水质	弱酸性至中性

特性：体表有很多蓝色斑点，并有不明显的黑色竖条纹。性情温和，非常适合与其他短鲷、小型鱼混养在水草水族箱中。杂食性，喜食红虫。

阿卡西短鲷

分布	圣塔伦及秘鲁境内的亚马孙河流域	最大体长	10 厘米
饲养水温	24 ~ 28℃	水质	弱酸性

特性：身体纵轴有一黑带斑纹，性情温和，适合与其他短鲷混养。杂食性，喜食红虫等活饵。

酋长短鲷

分布	秘鲁、哥伦比亚	最大体长	10 厘米
饲养水温	24 ~ 28℃	水质	弱酸性

特性：鳃盖上分布有红色斑点，在体表沿侧线以上、背鳍以下的部位排列有胭脂色的纵带鳞片，显得格外耀眼。尾鳍、背鳍无论颜色还是形状都非常漂亮。人工饲养时喂食人工饲料、红虫等即可。

花地图

分布	圭亚那境内的亚马孙河	最大体长	30 厘米
饲养水温	22 ~ 26℃	水质	弱酸性至中性

特性：体表散布着不规则的橙黄色斑块，其间镶嵌红色条纹，像是地图一般，所以也被称为"地图鱼"。游动迅速，捕食准确，且喜食肉，食量惊人，所以不能和小型鱼混养。地图鱼对光线非常敏感，因此水族箱的灯光不可太强。

菠萝

分布	圭亚那境内的亚马孙河流域	最大体长	18 厘米
饲养水温	22 ~ 30℃	水质	弱酸性至中性

特性：肉食性，不择食，喜食活饵，如红虫、面包虫、昆虫幼体等。最好养在宽大的水体中，喜在水体下层活动，饥饿时需要大量营养，容易吃小鱼，所以不宜和小型鱼混养。

大耳国王

分布	美国德州与墨西哥东北部流域	最大体长	25 厘米
饲养水温	22 ～ 28℃	水质	弱酸性

特性： 胸鳍上方有一块突出的斑纹，像耳朵一样，性情温和，杂食性，可以喂食红虫。

金菠萝

分布	巴西、圭亚那境内的亚马孙河流域	最大体长	25 厘米
饲养水温	22 ～ 28℃	水质	弱酸性至中性

特性： 体色为橙色，鳃盖和全身都布满红色小点，看上去鲜艳喜气。杂食性，可以喂食红虫和人工饲料。

金元宝

分布	墨西哥南部及危地马拉北部水域	最大体长	40 厘米
饲养水温	26 ～ 30℃	水质	中性至碱性

特性： 体色暗淡，腹部深色，不太招人喜欢，只有性成熟的时候，体色才会呈现出美丽的婚姻色。性情温顺，人工饲养可使用淡盐水，喜欢素食，平日投喂人工饲料即可。

淡水神仙鱼

分布	亚马孙河流域	最大体长	12 厘米
饲养水温	20 ～ 28℃	水质	弱酸性至中性

特性： 神仙鱼体型高且扁，背鳍和臀鳍靠近头部有几根鳍条很长，向后舒展，两边的鳍条逐渐变短，像是燕子一样，所以也被称为"燕鱼"。淡水神仙鱼根据鱼体的斑纹、色

红眼钻石神仙

彩的变化可分为很多种，比较常见的有白玉神仙、埃及神仙、大理石神仙、赤月神仙、斑马神仙、红眼钻石神仙、熊猫神仙等。该鱼性情温顺，游动缓慢，吃食速度也较慢，适合养在有水草、宽敞的水体中，可以和灯鱼、美人鱼等小型鱼混养，不宜和凶猛的鱼混养。神仙鱼为肉食性，喜食红虫等活饵，也可投喂人工饲料。

玻璃蓝神仙

墨神仙

埃及神仙

七彩神仙鱼

分布	委内瑞拉、巴西、圭亚那	最大体长	20厘米	饲养水温	26 ～ 30℃	水质	弱酸性

特性：七彩神仙鱼体型高且扁，近圆形，像一个铁饼，所以也被称为"铁饼鱼"。七彩神仙鱼体色非常丰富，花纹变化多端，共有 4 大原生种，即黑格尔七彩神仙、棕七彩神仙、绿七彩神仙和蓝七彩神仙；其余均为人工杂交品种，包括雪玉七彩神仙、盖子红七彩神仙、天子蓝七彩神仙等，现在市场上销售的品种均为人工杂交品种。对水质要求非常严格，不容易饲养，喜欢在弱酸性软水中生活。胆小，易受惊，不宜和凶猛的鱼类混养。肉食性，最喜欢吃食红虫，有时也可投喂牛心、七彩汉堡等。

天子蓝七彩神仙

雪玉七彩神仙

流星雨七彩神仙

蓝蛇纹七彩神仙

豹点蛇七彩神仙

盖子红七彩神仙

野生棕彩七彩神仙

蓝松石七彩神仙

红点绿七彩神仙

慈鲷科——人工杂交品种

血鹦鹉

分布	人工杂交品种	最大体长	25 厘米
饲养水温	20 ~ 28℃	水质	弱酸性至中性

特性：全身通红，嘴像鹦鹉的嘴。体质强健，适合与大中型鱼混养。杂食性，喂食人工饲料即可。

罗汉鱼

分布	人工杂交品种	最大体长	25 厘米
饲养水温	20 ~ 28℃	水质	弱酸性至中性

特性：罗汉鱼是新加坡、马来西亚等地鱼商通过人工杂交而得到的品种，由于其体色艳丽、额头硕大，象征着鸿运当头、福星高照，所以在市场上非常流行。此外，罗汉鱼还非常通人性，养育时间长了，它能随着人的手蹭来蹭去，和人玩耍，非常可爱，往往令饲养者爱不释手。罗汉鱼虽然可以和人玩，但不能与其他热带鱼一同饲养，因为罗汉鱼生性好斗，一般一个水族箱饲养一尾罗汉鱼比较合适。该鱼属肉食性，喜欢吃食虾肉、面包虫、大麦虫等，也可投喂人工饲料。

单排花珍珠罗汉鱼

金马骝罗汉鱼

双排花珍珠罗汉鱼

骨舌鱼科

骨舌鱼科主要以龙鱼为代表。龙鱼体型为长纺锤形，背鳍和臀鳍靠后接近于尾鳍，尾柄短，尾鳍圆扇形。眼上部接近头顶，口裂大且向下斜，下颚突出，并长有一对短须。身体两侧各有5排大而圆的鳞片，鳞片到尾部变小。龙鱼对水质要求较高，适合在弱酸性或中性软水中生活，喜欢吃食面包虫、蜈蚣、大麦虫等活饵。龙鱼个体较大，且个性凶猛，不适合与其他小型观赏鱼混养。

红龙

分布	印度尼西亚加里曼丹岛喀普阿斯河	最大体长	80厘米	饲养水温	24～30℃	水质	弱酸性至中性

特性：体色差异性较大，从橘红色到正红色、紫色均有，体色发红色为红龙，发紫色为紫艳红龙等，鳃盖发色为红色，鳞片由外缘至基部逐渐发色为红色。喜食大麦虫、面包虫等活饵。

红 龙

紫艳红龙

过背金龙

分布	马来西亚霹雳州美极美拉河及其周边	最大体长	80 厘米	饲养水温	24～30℃	水质	弱酸性至中性

特性： 体色差异较大，有的全身鳞片呈蓝色，为蓝底过背金龙，鳞片呈五彩颜色为彤艳过背金龙等。鳞片亮度会越过背部，背鳍根部的鳞片会发亮。背鳍和尾鳍的上半部为墨绿色，尾鳍的下半部和臀鳍为橘红色，胸鳍与腹鳍为金黄色。喜食大麦虫、面包虫等活饵。

蓝底过背金龙

彤艳过背金龙

红尾金龙

分布	印度尼西亚 苏门答腊岛	最大 体长	80 厘米	饲养 水温	24 ~ 30℃	水质	弱酸性 至中性

特性：幼鱼时期，亮鳞只会达到第 4 排（鳞片从下向上数，最下端为第 1 排）。背鳍根部的鳞片会发亮，但是不会过背。背鳍和尾鳍的上半部为墨色，尾鳍的下半部和臀鳍为橘红色或红色，胸鳍与腹鳍为橘红色。成鱼时期，其鳞片的亮度只会达到第 5 排，但不会超过背部（第 6 排鳞片）。喜食大麦虫、面包虫等活饵。

银龙

分布	圭亚那境内 的亚马孙河	最大 体长	70 厘米	饲养 水温	24 ~ 30℃	水质	弱酸性 至中性

特性：体型呈长宽带形，背鳍和臀鳍也呈带状，沿背臀部向后延伸至尾柄基部，全身鳞片闪烁着光亮的银白色，游动时银光闪烁，非常美丽。喜食大麦虫、面包虫等活饵。

其他品种

魟鱼

分布	亚马孙河、拉普拉达河流域的南美洲国家	最大体长	70 厘米
饲养水温	23 ~ 26℃	水质	弱酸性至中性

特性：身体呈扁片状，各鳍连在一起分布在身体四周，体表分布圆点，尾鳍上都有毒刺。性情温和，一般栖息在水体底层。喜食剁碎的鱼肉、蚯蚓、小虾等。

蝙蝠鲳

分布	西非	最大体长	18 厘米
饲养水温	21 ~ 28℃	水质	弱酸性至中性

特性：背鳍和臀鳍末端较长，像一个蝙蝠。群游性，在海水、半咸水、淡水中都可以生活。杂食性，喜食活饵。

泰国虎

分布	泰国、柬埔寨	最大体长	50 厘米
饲养水温	23 ~ 26℃	水质	弱酸性至中性

特性：金黄色的体表布有黑色斑纹。不宜和小型鱼混养，肉食性，喜食活饵，如蚯蚓或小鱼等。

射水鱼

分布	亚马孙河、东南亚和澳洲等地河流与海洋交汇处	最大体长	20 厘米
饲养水温	24 ~ 28℃	水质	中性至碱性

特性：头平吻尖，身体侧扁，眼大，体侧有 6 条黑色垂直条纹。喜欢射食水面悬垂植物上的昆虫，容易跳出缸外。人工饲养最好用淡盐水，喂食红虫即可。

水草品种

依照栽种在水族箱中位置的不同，水草可分为前景草、中景草及后景草三类。

前景草

前景草的平均高度都在 10 厘米以下，多为生长缓慢或较为矮小的草种，栽种在前方时，不至于挡住后方的景观。前景草在造景的运用上多半会以较密集的方式来种植，且前景草多属蔓延性生长的水草，因此要在底沙中多添加些基肥。大部分的前景草由于在大自然的环境下都是长在较浅的水中，所以接收到的光照比其他水草多，将这些前景草移植到水族箱中，光照方面的管理也是非常重要的。

绿藻球

适宜水温	10 ~ 28℃	水质	弱酸性至碱性
光照	低至中等强度	CO_2	可以添加

藻体草绿色，丝状聚生，多形成松散的球形或不规则团块漂浮于水底，密生如绒毛。能适应广泛的水质、光照及温度变化，不追加肥料、不添加二氧化碳也可育成。无需修剪，非常容易种养。

迷你椒草

适宜水温	25 ~ 28℃	水质	弱酸性至中性
光照	低至中等强度	CO_2	需要添加

叶片窄而尖，叶面及叶背均为绿色，基座及尖端皆呈尖锐状。叶片小且成长缓慢，高度不超过 2 厘米，底层营养需要丰富。

迷你青椒

适宜水温	20 ~ 28℃	水质	弱酸性至中性
光照	低至中等强度	CO_2	需要添加

叶片翠绿色，形状尖而细长且成长缓慢，底层营养需要丰富。适合作为前景草种植于水草泥中，一簇簇的翠绿色非常漂亮。

趴地珍珠

适宜水温	20～30℃	水质	弱酸性至中性
光照	强光	CO$_2$	必须添加

　　叶形小而圆，蔓生长于水草泥中，会攀附水草泥生长，很快蔓延呈一片，比迷你矮珍珠茎短小，因此得名"趴地珍珠"。

迷你矮珍珠

适宜水温	20～30℃	水质	弱酸性至碱性
光照	强光	CO$_2$	必须添加

　　叶形小而圆，蔓生长于水草泥中，需要有间隔地一小丛一小丛地种植，如果生长环境合适，它会很快蔓延成一片，像草丛覆盖在泥面上，非常漂亮。

矮珍珠

适宜水温	20～30℃	水质	弱酸性至中性
光照	强光	CO$_2$	必须添加

　　叶片比迷你矮珍珠大，茎比迷你矮珍珠长，也是蔓生于水草泥中，需要有间隔地一小丛一小丛地种植，如果生长环境合适，它会很快蔓延成一片，像草丛覆盖在泥面上。

小　榕

适宜水温	22～28℃	水质	弱酸性至中性
光照	中等强度	CO$_2$	可以添加

　　叶片深绿色，叶片卵形，叶片面积大，植株短小，根部为心形，茎短，适应能力较强，以插枝和侧枝繁殖。

黄金榕

适宜水温	22 ~ 26℃	水质	弱酸性至中性
光照	低至中等强度	CO_2	可以添加

可固定在沉木上，也可在水草泥或沙砾中生长，适应范围较广，但成长缓慢，以插枝和侧枝繁殖。

迷你水榕

适宜水温	22 ~ 28℃	水质	弱酸性至中性
光照	中等强度	CO_2	可以添加

水榕的小型版，能攀附在沉木或岩石上生长，植株短小，根部为心形，茎短，适应能力较强，以插枝和侧枝繁殖。

天胡荽

适宜水温	22 ~ 28℃	水质	弱酸性至中性
光照	强光	CO_2	必须添加

叶片呈花瓣状，蔓生长于水草泥中，需要有间隔地一小丛一小丛地种植，如果生长环境合适，它会很快蔓延成一片，非常漂亮。

挖　耳

适宜水温	22 ~ 28℃	水质	弱酸性至中性
光照	强光	CO_2	必须添加

叶片呈丝状，蔓生长于水草泥中，需要有间隔地一小丛一小丛地种植，如果生长环境合适，它会很快蔓延成一片，非常漂亮。

香蕉草

适宜水温	22 ~ 28℃	水质	弱酸性至中性
光照	强光	CO_2	需要添加

具有香蕉状根茎，非常独特；长柄，叶片近圆形，表面草绿色，背面暗紫色。肥料需求不多，但光照不足容易发黄，老叶容易腐烂死亡。

香菇草

适宜水温	20 ~ 25℃	水质	弱酸性至中性
光照	强光	CO_2	必须添加

叶互生，具长柄，圆盾形，像香菇一样，非常漂亮，所以得名"香菇草"。生长迅速，喜强光。

牛毛毡

适宜水温	20 ~ 28℃	水质	弱酸性至中性
光照	强光	CO_2	必须添加

茎细且多，呈牛毛状，一簇簇地种在水草泥中，如果生长环境合适，会很快长成一片，像草丛一样。一年至多年生，非常适合造景。

三角莫丝

适宜水温	15 ~ 22℃	水质	弱酸性至中性
光照	低至中等强度	CO_2	可以添加

茎呈线状，没有真实的根部，叶片呈披针形，浓密，相互缠绕在一起，可附着沉木石块生长。对环境的适应能力强，但是对新换的水不能立即适应，喜欢稳定的软水。

垂泪莫丝

适宜水温	18 ～ 22℃	水质	弱酸性至中性
光照	中等强度	CO_2	必须添加

　　茎呈线状，没有真实的根部，叶片浓密，相互缠绕在一起，可附着沉木石块生长，但怕高温。长成后整体下垂，而且在顶端部分有一个浅色圆点，所以叫作垂泪莫丝。

怪蕨莫丝

适宜水温	18 ～ 22℃	水质	弱酸性至中性
光照	中等强度	CO_2	需要添加

　　茎呈线状，没有真实的根部，叶片浓密，形态奇特，相互缠绕在一起，可附着沉木石块生长。环境合适，即很快长成一片，很是特别。

美凤莫丝

适宜水温	18 ～ 26℃	水质	弱酸性至中性
光照	中等强度	CO_2	需要添加

　　叶片形态分枝状，嫩绿色，可以附着在沉木和石头上生长，一层层朝着同一方向生长，待形成一片后非常漂亮。

爪哇莫丝

适宜水温	15 ～ 22℃	水质	弱酸性至中性
光照	低至中等强度	CO_2	可以添加

　　产于东南亚、爪哇、印度等地的苔藓植物。披针形的淡绿色叶子，很容易饲养，对水质适应能力强，可附着于沉木和石头表面。

鹿角苔

适宜水温	15～30℃	水质	弱酸性至弱碱性
光照	中等至强光	CO₂	必须添加

叶片形状似鹿角，匍匐丛生于沉木或石头上，淡绿色，如果光照和二氧化碳充足，会看到气泡海的现象，非常漂亮。

南美叉柱花

适宜水温	22～28℃	水质	弱酸性至中性
光照	中等至强光	CO₂	需要添加

叶小，对叶生长，植株矮小，叶片嫩绿色，需要较充足的肥料；光线充足的情况下，少许二氧化碳会使整个植株变得翠绿挺拔，很快就能长成紧凑的一片前景草。

圆心萍

适宜水温	20～28℃	水质	弱酸性至中性
光照	中等至强光	CO₂	可以添加

属于浮性水草，像硬币一样大的圆形叶片，翠绿色，漂浮在水族箱中，比较容易长出新叶，所以很快就形成一片。

中景草

中景草将前后景有机地结合起来，使整个景观起伏有致。中景草基本上是中大型草，小型的水草作为中景草使用时，要采用密集型种植方式，以增加整个景观的丰满度。

铁皇冠

适宜 水温	20 ~ 28℃	水质	弱酸性至中性
光照	中等强度	CO_2	可以添加

属于蕨类植物，叶片绿色，具有条状根茎，下方长着黑色或黑褐色的不定根。在水族箱中装饰效果极佳，但水的硬度不能过高，可直接种植于底沙中或绑在沉木上。

小竹叶

适宜 水温	20 ~ 28℃	水质	弱酸性至中性
光照	强光	CO_2	需要添加

叶片如竹叶般，细薄柔软，光照充足的条件下叶片翠绿、节间短，生长迅速，会生出许多侧枝而形成丛生的植株，美丽的外观使其成为水族箱里的常客；但也正因为其生长迅速且茂密，需要时常修剪以保持良好的造型。

绿温蒂椒草

适宜 水温	22 ~ 30℃	水质	弱酸性至中性
光照	中等强度	CO_2	可以添加

适应力非常强，叶柄呈棕色或红色。在水族箱中叶片会变得狭长，呈翠绿色。受到水质及光线的影响，叶片由亮绿色转变至红棕色。水族箱铁质过多会使叶片脱落，二氧化碳过多会出现叶片融化的现象。

咖啡椒草

适宜水温	22 ～ 28℃	水质	弱酸性至中性
光照	中等强度	CO₂	需要添加

有根茎，叶子呈披针形放射状，叶缘有褶皱，呈波浪状，而且有黑色交叉的特征。叶子颜色依光线强度从绿色、深橄榄色至咖啡色均有，叶背呈红棕色，是极富魅力的水草。叶柄短，在一片翠绿色的水草中，反而凸现出它的沉稳。

水罗兰

适宜水温	24 ～ 28℃	水质	弱酸性至中性
光照	中等强度	CO₂	可以添加

羽状叶短柄，对生，翠绿色。在水族箱中可成群栽种，效果较好。喜欢强光，如果光线弱，则叶子容易脱落。

大　柳

适宜水温	24 ～ 28℃	水质	弱酸性至中性
光照	中等强度	CO₂	必须添加

较容易种养的品种，种植时把老叶都清除干净，只留嫩芽部分，如果水质条件合适，则很快长出新叶，嫩绿色，非常漂亮。

日本篑藻

适宜水温	20 ～ 26℃	水质	弱酸性
光照	强光	CO₂	必须添加

叶互生，叶片是浓密的绿色螺旋体，无叶柄，叶片细长，对光照、水质、压力的要求苛刻，非常容易出现叶片融化的现象。

小水兰

适宜水温	15 ~ 22℃	水质	弱酸性至弱碱性
光照	中等强度	CO_2	需要添加

　　小水兰是一种沼泽植物，拥有多种形态的叶片。丝带状叶片，呈鲜嫩的绿色。不耐高温，最好添加二氧化碳。

大红叶

适宜水温	22 ~ 26℃	水质	弱酸性至弱碱性
光照	强光	CO_2	必须添加

　　叶片颜色呈红葡萄酒色，需要保持干净的水质，充足的二氧化碳、强光并且基肥充足才可以表现出美丽的色彩。

羽裂水蓑衣

适宜水温	18 ~ 26℃	水质	弱酸性至中性
光照	强光	CO_2	需要添加

　　原产于印度，叶片挺拔，翠绿色，叶片边缘像裂开一样，呈现出不一样的形态，在水族箱中显得非常特别。

大　榕

适宜水温	22 ~ 26℃	水质	中性
光照	低至中等强度	CO_2	可以添加

　　叶片呈盾状，深绿色并泛有光泽，叶片存活时间长，但容易滋生细菌，需要注意。可以附着在沉木或岩石上生长，也可种在底沙或水草泥中生长，是非常容易种养的品种。

黑木蕨

适宜水温	18 ~ 25℃	水质	弱酸性至中性
光照	中等强度	CO_2	可以添加

　　少见的蕨类水草，喜好偏酸性软水的水质环境，当它处于偏碱性硬水环境时，叶片上会出现黑色斑点，甚至完全变黑。一般可绑在沉木或岩石上做造景，生长非常缓慢。

青木蕨

适宜水温	18 ~ 25℃	水质	弱酸性至中性
光照	中等强度	CO_2	可以添加

　　一种带着美丽、透明绿色叶片的蕨类水草，喜好偏酸性软水的水质环境，当它处于偏碱性硬水环境时，叶片上会出现黑色斑点，甚至完全变黑。一般可绑在沉木或岩石上做造景，生长非常缓慢。

雪花草

适宜水温	22 ~ 28℃	水质	弱酸性至中性
光照	中等强度	CO_2	需要添加

　　叶片呈雪花状，容易种养，生长条件合适会很快长得很高。需要充足肥料，否则容易发黄而枯萎。

红　波

适宜水温	18 ~ 26℃	水质	弱酸性至中性
光照	低至中等强度	CO_2	需要添加

　　叶片血红色，可以绑在沉木或种在水草泥中生长。容易栽培，在水族箱中起到点缀作用，非常漂亮。

红虎头

适宜水温	22 ~ 26℃	水质	弱酸性至中性
光照	中等强度	CO₂	可以添加

　　叶片红色，宽大，适合种植在水草泥中，注意种养时水质要保持干净。如果种养条件合适，叶片颜色会更加鲜艳。

小喷泉

适宜水温	22 ~ 26℃	水质	弱酸性至中性
光照	中等强光	CO₂	可以添加

　　蒜状根茎，叶片柳条状，绿色。可以种植在沙子或水草泥中，若种养条件合适，是非常容易种养的品种。

十字牛顿

适宜水温	22 ~ 26℃	水质	弱酸性至中性
光照	强光	CO₂	需要添加

　　长势茂密，如果生长条件不合适会发生弯曲现象。可种在水草泥中，也可绑在沉木上，需要强光和充足的二氧化碳。

小刚榕

适宜水温	22 ~ 26℃	水质	弱酸性至中性
光照	中等强度	CO₂	可以添加

　　和大榕一样容易种养，只是叶子呈前端尖尖的长椭圆形，生长速度十分缓慢。在光照不足的情况下，茎部会朝斜上方延伸，需要注意。

水芙蓉

适宜水温	22 ~ 26℃	水质	弱酸性至中性
光照	中等强度	CO₂	可以添加

叶呈辐射状生长，茎短，根须状，叶面绿色，在水体表面生活，像莲花一样，在水族箱造景中显得很特别。

鹿角铁皇冠

适宜水温	20 ~ 28℃	水质	弱酸性至中性
光照	低至中等强度	CO₂	可以添加

与铁皇冠一样，鹿角铁皇冠也具有明显的横状根茎和须状假根；叶面绿色，叶端呈羽状裂叶很像鹿角，因此而得名。一般用鱼线捆绑在沉木或石头上种植。此草较不耐高温，温度长期超过30℃可能会发黑发黄。

后景草

后景草以大型或高的水草密集种植，另外是以沉木扎草来抬高水草的高度，以此来增加水族箱景观的丰满和前后层次。如果在置景时没有高大的水草作背景，整个景观会显得空旷平淡。当大型水草在生长稳定后，就能生长出很多叶片，犹如森林一样，使水族箱后背景不至于太空。

紫百叶

适宜水温	24 ~ 28℃	水质	弱酸性至中性
光照	中等强度	CO₂	必须添加

叶长披针形，对生，叶面为紫色，适合生长于软水、老水中，常作为中景草和后景草使用，以侧芽繁殖。

大宝塔

适宜水温	22 ~ 28℃	水质	弱酸性至中性
光照	中等强度	CO_2	需要添加

　　分布于东南亚、日本，叶片分层，叶轮生，茎高大，叶柄长，以插枝、匍匐茎繁殖。

绿松尾

适宜水温	20 ~ 30℃	水质	弱酸性至中性
光照	中等强度	CO_2	需要添加

　　分布于台湾，属于热带水草，叶呈尖形，两叶对生，叶片绿色。种养时要注意硬度的调整，不同的硬度条件状态不同。

红松尾

适宜水温	20 ~ 30℃	水质	弱酸性至中性
光照	中等强度	CO_2	需要添加

　　分布于台湾，属于热带水草，叶呈尖形，两叶对生，叶片红色。种养时要注意硬度的调整，不同的硬度条件状态不同。

红宫廷

适宜水温	18 ~ 23℃	水质	弱酸性至中性
光照	强光	CO_2	必须添加

　　分布于台湾，叶对生，叶片呈圆形，叶片呈淡绿色至黄绿色，最好生长于水草泥中，条件适宜时生长快速。

绿宫廷

适宜水温	18 ～ 23℃	水质	弱酸性至中性
光照	强光	CO₂	必须添加

分布于台湾，叶对生，叶片呈圆形，淡红色，最好生长于水草泥中，条件适宜时，生长快速。

绿丁香

适宜水温	20 ～ 26℃	水质	弱酸性至中性
光照	强光	CO₂	需要添加

分布于北美洲，叶面绿色，叶底呈红豆色彩，如果光线较强，则红豆色彩更为鲜艳，非常漂亮。

红丝青叶

适宜水温	20 ～ 26℃	水质	弱酸性至弱碱性
光照	强光	CO₂	需要添加

改良品种，鲜艳的绿叶中沿着叶脉呈现出粉红颜色，如果环境合适，整片叶子可呈现粉红色。最好添加二氧化碳，底肥需要较多。

红菊

适宜水温	18 ～ 26℃	水质	弱酸性至中性
光照	中等强度	CO₂	可以添加

分布于南美洲，整体形态像菊花一样，叶片红色，非常漂亮。要注意经常添加肥料，以保证其正常生长。

血心兰

适宜水温	20 ~ 28℃	水质	弱酸性至中性
光照	强光	CO_2	需要添加

挺水性水草，叶为披针形，十字对生，叶面红色，喜欢强光。如果增加二氧化碳输入量，可加速其生长。

小红莓

适宜水温	18 ~ 25℃	水质	弱酸性至中性
光照	强光	CO_2	需要添加

叶片纤细，全部弯曲生长，叶片红色且生长缓慢，喜欢强光，并需要添加较多二氧化碳，适合一大簇种在水草泥中，作为后景草很漂亮。

大红莓

适宜水温	18 ~ 25℃	水质	弱酸性至中性
光照	强光	CO_2	需要添加

跟小红莓相似，只是叶片形状稍有不同，叶片更为纤细，全部弯曲生长，叶片红色且生长缓慢，喜欢强光，并需要添加较多二氧化碳，适合一大簇种在水草泥中，作为后景草很漂亮。

绿羽毛

适宜水温	18 ~ 26℃	水质	弱酸性至中性
光照	强光	CO_2	需要添加

叶片形状像羽毛而得名，淡绿色，如果光照强的话叶片会呈现橘红色。种养中需要肥料较多，尤其是液肥。

紫红玫瑰丁香

适宜水温	22 ~ 28℃	水质	弱酸性至弱碱性
光照	强光	CO_2	必须添加

　　茎高，叶片红色，需要水族箱中有足够的铁，红色才可以发色完全，多簇种植于水族箱中，非常漂亮。

红雨伞

适宜水温	18 ~ 25℃	水质	弱酸性至中性
光照	强光	CO_2	必须添加

　　水上草与水中草不同型，水上草具有披针形互生叶，叶缘有锯齿，叶色翠绿。在水中栽培，叶形可以从披针形转为卵形、不规则裂叶，以至羽状叶等，颜色可由绿色转为橙红，以至深红色。喜好强光和充足的二氧化碳，生长较慢。

日本红蝴蝶

适宜水温	22 ~ 28℃	水质	弱酸性至中性
光照	强光	CO_2	必须添加

　　叶对生，叶为披针形，没有叶柄，叶片的颜色随光照及水温的不同而不同，含铁丰富时水草生长茂盛。以插枝法和侧芽繁殖。

混养小贴士

　　下面介绍热带鱼混养搭配的一些要点。需要特别注意的是，热带鱼是不能和金鱼、锦鲤这两种冷水鱼进行混养的，也不能和海水鱼进行混养。

品　种	混 养 要 点
小型鱼（如鲤科、脂鲤科、鳉鱼科、攀鲈科、虹银汉鱼科、鲶科和鳅科、短鲷类、淡水神仙鱼等	小型鱼大都性情温和，不好打斗，可以相互混养，但不能和凶猛的大型鱼混养在一起。混养时再搭配水草饲养，可以使水族箱整体更美观。本章内容已经介绍了小型鱼水层分布的特点，每个水层都有热带鱼游动，可以实现合理利用水体空间的目的
攀鲈科中的泰国斗鱼	攀鲈科中的泰国斗鱼因为同类好打斗，所以只能单独饲养，并以每个玻璃器皿饲养一尾最佳
非洲三湖慈鲷	三湖慈鲷类热带鱼因为适合在碱性水质中饲养，且造景风格和其他鱼类不大一样，所以这类鱼适合单独造景饲养，具体造景风格和混养注意事项在本书中有所提及，读者可参考
血鹦鹉和地图鱼、菠萝鱼等	这几种鱼适合一起混养，但是血鹦鹉是群居性，所以若只饲养血鹦鹉，则每缸饲养 5 尾以上群游比较妥当。
罗汉鱼	性情凶猛好斗，适合单独饲养，且每缸养一尾罗汉鱼比较妥当
七彩神仙鱼	性情过于温和，适合单独饲养，每个品种可以养多尾
龙　鱼	性情凶猛，适合单独饲养或与虹鱼、血鹦鹉、泰国虎等混养。血鹦鹉和泰国虎生活的水层为中层，可以和生活在上层水域的龙鱼共处一个水族箱。龙鱼和虹鱼的混养是公认的最佳搭配模式，因为龙鱼多生活在水体上层，虹鱼多生活在水体下层，虹鱼的身体扁片，甚为特殊，和龙鱼饲养在一个水族箱中非常漂亮。如果多尾龙鱼群养则容易出现相互打斗的现象，需要特别注意

养鱼前的准备

水族箱的选择

◆ 最好选择玻璃材质

制造水族箱的材料有很多种，包括塑料、玻璃、强化玻璃、亚克力等。塑料水族箱因为容易老化、变形，所以已经基本被淘汰。亚克力是制作水族箱的新型材料，虽然透视效果较好，但由于价格较高、容易被刮花等缺点，目前还不普及。

玻璃水族箱由于表面坚硬、透视效果好、价格便宜等优点，在市场上最为常见；现在市面最流行的是超白玻璃材质，因为超白玻璃透明度高，耐用、结实而深受消费者喜爱。

超白玻璃水族箱

◆ 饲养密度不能过大

水族箱规格各异，一般为长方形，用来从侧面观赏热带鱼，市面上常见的规格（长 × 宽 × 高）为30厘米 ×22厘米 ×26厘米、60厘米 ×30厘米 ×35厘米、90厘米 ×45厘米 ×45厘米、120厘米 ×50厘米 ×50厘米等。饲养者可以根据自己的爱好和房屋面积的大小来选择水族箱。要注意的是，饲养数量多则要使用大一些的水族箱，因为太小的水族箱不利于热带鱼活动。

人们饲养热带鱼总是希望数量多一些，以利于观赏。但放养密度如果超过了水体的负荷能力，水质和系统都将失去控制，而且狭小的空间容易给热带鱼造成环境压力，使热带鱼对疾病的抵抗力下降。同时，狭小空间造成鱼体之间频繁接触，更容易加快病原体的传播。高密度养殖不但会造成大多数热带鱼体质瘦弱，而且容易发病，所以维持一个合理的饲养密度对热带鱼的疾病预防很重要。

水族箱饲养密度

水族箱容积 （厘米³）	热带鱼规格 （厘米）	放养数量 （尾）
60×30×35	5～10	4～8
90×45×45	5～10	10～20
120×50×50	5～10	20～40

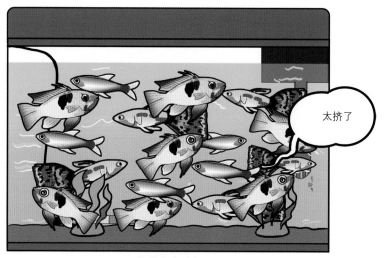

饲养密度过大

强大的过滤系统

　　水族箱中的水，不像自然水域那样具有完整的水体生态系统，具备水体自净功能，把水族饲养器的水体比喻成"一潭死水"最恰当不过了。而鱼是生物，生物就要新陈代谢，这就需要一套完整的系统让整个水体循环流动起来，控制水体物理、化学、生物等多方面因子的平衡，维持整体的生态环境，这套系统就是过滤系统，也可称作维生系统。一个优良的过滤系统是通过物理过滤、化学过滤、生物过滤、植物过滤4种过滤方式完成上述水体净化功能的。这4种过滤方式既独立又统一，共同完成整个过滤过程。过滤过程产生硝化细菌，作为一种有益菌来维持整个过滤系统的正常运转，以保证热带鱼的正常生活——可谓是"小细菌，大作用。"

◆ 过滤方式

物理过滤

物理过滤是利用各种过滤材料或辅助剂将水中的尘埃、悬浮物、树叶等较大的颗粒、杂物除去，以保持水之透明度的过滤方法。一般采用过滤棉等具有较密孔隙、透水性好的材料。通常把物理过滤设在过滤系统的初始端，以便于及时清洗。

化学过滤

化学过滤是利用滤材将溶于水中的对鱼类有害的各种离子化合物或化学污染物等，以吸收法除去的过滤方法。一般使用活性炭等作为滤材。由于化学过滤只在合理的水流速度下才能发挥最理想的过滤效果，因此还同时有物理过滤的作用。

生物过滤

生物过滤是利用硝化细菌，将水中鱼的排泄物、残余饲料等废物所产生的含氮有机物，如氨等加以氧化处理，使其转化为亚硝酸盐进而转化为硝酸盐的方法，这也是过滤系统中最重要的一环。常见的生物过滤滤材有呼吸玻璃生化环、生化棉、陶瓷环等。

植物过滤

植物过滤是将鱼的排泄物所产生的有害因子，利用水生植物吸收去除的过滤方法。可利用的水生植物有浮萍、睡莲等。水草造景水族箱在一定程度上也可以被认为是植物过滤模式。

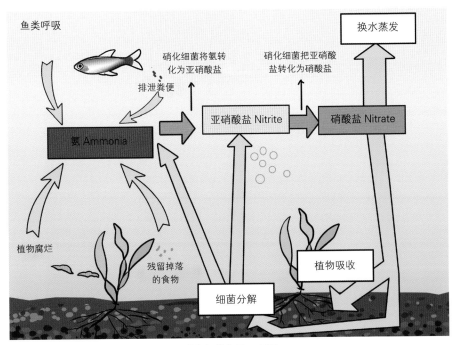

硝化细菌作用示意图

◆ 硝化细菌

培养硝化细菌

硝化细菌也称硝化菌，是一种有益的好氧细菌，能在有氧气的水或底沙中生长，是一系列将氨转化为对鱼或生物无害的硝酸盐的附着性细菌，在水质净化过程中扮演着重要的角色。

因为硝化细菌是一种好氧性细菌，同时具有附着性，所以其生存必须有充分的溶解氧和附着物。一般表面积大、多孔的材料最合适其附着，如生化球、陶瓷环、水族箱壁等。附着物必须有充分水流通过，不得因死角而出现缺氧区。有人将生物性滤材完全浸泡在水中并不给予增氧，这样只能使硝化细菌发挥 20% ~ 40% 的功效。当遇到停电时情况更糟糕，只需 4 ~ 6 小时硝化细菌便会全部死亡，而且很快变成有毒的物质，这是非常危险的。所以，日常要使水中的溶氧充足或让生物性滤材充分暴露于氧气中，这样硝化细菌才能最大限度地发挥功效。硝化细菌会随着过滤设备的正常运转而在附着物上自然生长，一般需要 1 ~ 2 周的时间。平常不要经常清洗其附着物，以防好不容易培养的硝化菌因冲洗而丧失。因为硝化细菌在没有氨、氮的水中数量很少，所以培养前期应先放入少量死去的鱼、蛤蜊等。待硝化细菌培养到一定的数量后，再将死鱼或死蛤蜊拿出，再逐步增加热带鱼的养殖数量。

硝化细菌制剂

如急需大量硝化细菌，可在市场购买硝化细菌制剂成品，只需 5 天就可以建立起一个良好的生态系统。硝化细菌制剂是一种用于控制养殖水体自生氨浓度的处理剂，不仅使用方便，而且能发挥立竿见影的效果，所以越来越受观赏鱼养殖爱好者的欢迎。使用硝化细菌制剂时，可直接将其散布于养殖水体中，不久即能发挥除氨的功效。

硝化细菌小贴士

第一次设置热带鱼水族箱，为什么水一直呈白色混浊状，怎么也无法透明？

刚设置不久的水族箱中因尚未有硝化细菌繁殖，所以缸水大多会呈现不稳定的混浊状。一般来说，设置缸 3 ~ 4 天后，过滤系统才可发挥功效，硝化细菌才可慢慢生长，大约 1 个星期，待硝化细菌系统完全建立，水体才会呈现透明状。

硝化细菌制剂

◆ 完备的过滤系统

养殖热带鱼的过滤系统应具备照明设备、恒温设备、增氧设备、过滤设备。四大设备不仅要安装合理,而且要拆洗方便,整个系统进、排水管要安排得当,保证水流畅通,不可出现堵塞、回流等现象。

照明设备　应具备良好的照明设备,以满足热带鱼必需的光照需求。

恒温设备　应具备良好的恒温设备,以保持水温恒定。

增氧设备　应具备良好的增氧设备,为热带鱼提供必需的溶解氧。

过滤设备　良好的过滤系统应该具备一个大小适中、构造合理的过滤设备,过滤设备包括过滤器和水泵。过滤器的体积为水体总体积的 20% 左右比较适宜,其中同时具有物理、化学、生物 3 个方面性质的滤材,并摆放合理。水泵的功率要根据水体的大小选择,最好选择运行时低噪声或没有噪声的。

过滤系统小贴士

此刻要提示的是过滤系统一旦开启就一定要时刻保持运转,否则培养起来的硝化细菌会因为缺氧而死掉,使得好不容易建立起来的生态系统被破坏,如同死水养鱼,会造成不良后果。

过滤设备和滤材的选择

过滤设备是过滤系统中最重要的部分,由过滤器和水泵组成。过滤器内设置有各种滤材,工作原理是水由水泵抽送到滤材,经滤材进行物理、化学、生物过滤,达到清洁水质、减少换水次数的目的。一般过滤器体积占到水体总体积的 20% 左右。

◆ 水泵

沉水式水泵可以安装在水族箱内部,无需特殊安装手段,可以与任何设备连接,使用非常方便。选购水泵最重要的是要注意噪声问题。要尽量购买知名品牌产品或者口碑比较好的产品。在购买的地方做噪声测试,一定要选择噪声小的,否则水泵发出的低频噪声将使你彻夜难眠。

水泵

◆ 过滤材料

过滤棉（物理性过滤材料）

饲养热带鱼的水族箱，物理过滤性材料主要用过滤棉，这是一种使用最为广泛的过滤材料。过滤棉属于化纤制品，外表像一片棉花，用于初级过滤，主要起物理过滤作用。过滤棉需要经常清洗，发现破损、疏松时要及时更换。过滤棉具有价格低廉、物理过滤效果好的优点。

过滤棉

活性炭（化学性过滤材料）

活性炭是最常用的化学性过滤材料。活性炭的外表很像一种黑色的石粒，内部有很多小孔，具有吸附功能，可以脱色和除臭，还有良好的吸氨作用。此外，活性炭还有助于提高水体的 pH 值。活性炭使用之前要反复清洗，避免夹杂的黑色粉末进入养殖水体。

活性炭

生化棉（生物性过滤材料）

生化棉外表像海绵，但比海绵孔隙大，可用于培养更多的硝化细菌，主要用于物理过滤和生物过滤，因此不能经常清洗，隔一段时间作一次表面清洁即可。

生化棉

生化培养球（生物性过滤材料）

生化培养球（生化球）由于表面积较大且多孔，适合硝化细菌的生长和水流分散通过。另外，生化培养球必须和具有物理过滤性质的滤材协同使用，且应先利用物理过滤将水中大颗粒废物滤除后，再经生化球进行生物过滤。由于生化培养球主要作用是进行生物过滤，所以不必经常清洗。

生化培养球

陶瓷环（生物性过滤材料）

陶瓷环表面粗糙，内部具有很多细孔，非常适合硝化菌附着生长。水流经陶瓷环时，附着在上面的硝化细菌即可分解水中的废物，达到过滤的作用。陶瓷环的有效使用时间不能过长，若与物理过滤滤材同时使用则能延长其使用寿命。陶瓷环适用于内置过滤器、外置过滤器、上部过滤器等。

陶瓷环

生化环（生物性过滤材料）

生化环是一种新型的生物性过滤材料，过滤原理与陶瓷环相同，只是内部的细孔比陶瓷环多，更有利于硝化细菌附着，重量也更轻。

生化环

◆ 过滤器

养殖热带鱼常见的过滤器有上部过滤器、内置过滤器、外置过滤器、下部过滤器等。过滤器要保持经常性的运转，除停电等特殊情况外，不要轻易停止。过滤器中进行物理过滤的部分可经常清洗，而化学和生物过滤的部分不能经常清洗，只可以每隔1个月左右进行简单的表面清洁。无论是清洗物理过滤部分还是化学和生化部分，都不要使用清洁剂、洗涤剂或沸水，如果有必要可以用高锰酸钾等药物清洗，以杀灭过滤器材上的细菌和寄生虫。此外，日常要注意检查过滤器有无堵塞、漏水现象，水泵有无故障等。

上部过滤器

上部过滤器是放在水族箱上部的过滤器，是最常见、最原始的过滤器，因外形像一个长方形的盒子，所以常被人们称作过滤盒。过滤盒从上至下依次铺设过滤棉、活性炭、生化球等具有物理、化学、生物3种性质的滤材，水经水泵抽到过滤盒，经过滤棉、活性炭、生化

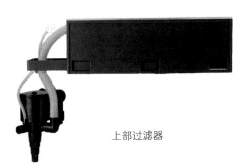
上部过滤器

球等滤材过滤后，再从过滤盒的出水
口流入水族箱中。出水口通常可调节
水流方向。上部过滤器优点是充分利
用水族箱顶部的剩余空间，不占地方，
日常维护、操作、清洗都十分方便，
价格十分低廉；缺点是不太美观，过
滤范围不大，需定期清洗和更换过滤
材料。

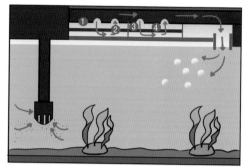

上部过滤器过滤原理

内置过滤器

内置过滤器的构造为整体像一个
黑色的盒子，有圆形和方形两种，内置水泵、过滤棉、生化棉等滤材，放置在水族箱
内的养殖水体中。水通过孔隙进入内置过滤器，通过过滤棉、生化棉等滤材进行物理
和生物过滤，过滤后的水由水泵排回水族箱，就这样循环达到水质过滤的目的。内置
过滤器优点是不影响美观，占用空间小，使用方便；缺点是处理水体较少。

内置过滤器

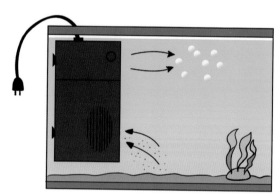

内置过滤器过滤原理

"水妖精"

市面上常见一种叫做"水妖精"的生化棉过滤器，也属于内置过滤器。"水妖精"
的外部造型非常特别，由气泵连接 1 ~ 2 块生化棉组成，开启气泵时，从生化棉内会
放出很多气泡。"水妖精"的工作原理是：利用空气在水中上升，带动水流，水流经
过生化棉进行生物过滤后流回原水体，同时也为水体提供充足的溶解氧。"水妖精"
生化过滤效果较好，并能使水体得到充足的溶解氧，非常适合热带鱼繁殖和医疗水族
箱使用。

"水妖精"

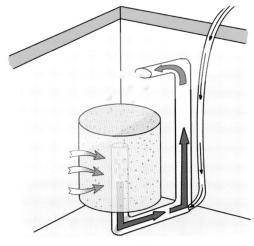

"水妖精"过滤原理

外置桶式过滤器

外置桶式过滤器是采用密闭罐形式的过滤器，密闭罐内设置滤材，从上至下依次铺设过滤棉、陶瓷环等。外置桶式过滤器的工作原理是让养殖水利用水位差进入过滤器，水流经滤材过滤后，再借助内部水泵的动力，将过滤后的水抽回到水族箱中。其优点是不占用养殖水体内部空间，不影响水体内部的造景，并且可以设置足够大的外置过滤器，使过滤效果发挥得淋漓尽致。缺点是价格较贵，安装起来不太容易；清洁维护比较复杂，需要把过滤器拆开后清洁。另外，由于外置过滤器一般为密闭的箱体，所以要不间断工作，一旦停止，其内部的硝化细菌很容易死亡。

外置桶式过滤器

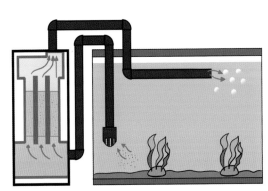

外置桶式过滤器过滤原理

外挂过滤器

现在市场上有一种外挂过滤器，可将过滤器悬挂于水族箱的侧方或后方。外挂过滤器的工作原理是利用潜水泵将水抽到过滤槽，水通过过滤槽里的过滤滤材进行过滤，从而使水质得到净化。其优点是这种过滤器使用方便，可直接拆下过滤槽清洗滤材；另外，从过滤器落下的水与空气充分接触，能给观赏鱼和水草带来充足的氧气。缺点是过滤功能不强，仅适合小型水体。

外挂过滤器

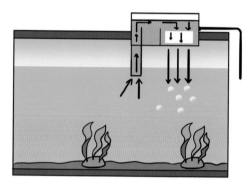

外挂过滤器过滤原理

自行设计过滤器

饲养三湖慈鲷或龙鱼、血鹦鹉等大型鱼，通常都使用自行设计过滤器。这种过滤器一般在鱼缸下部，需要跟鱼缸一起设计制作。它的过滤原理是鱼缸中的水通过溢流的方式流到下部过滤槽，过滤槽中放满滤材，水经过滤材过滤后，再由一个较大型的水泵从过滤槽中抽水返回到鱼缸中。这种过滤器可以放置的滤材较多，滤材便于清洗，过滤效果较好，非常适合大中型鱼类。

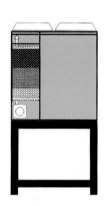

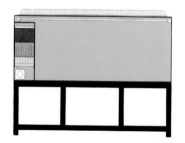

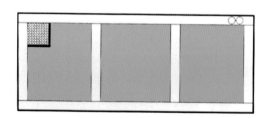

自行设计过滤器过滤原理

照明设备的选择

市面上常见的照明设备有 T5 灯、PL 灯、LED 灯、金属卤素灯、杀菌灯等。

T5 灯，即三基色灯，是由红绿蓝三色荧光粉发光，中和成白色。还有专门的水草红光灯管和水草蓝光灯管，都是只用了一种单色荧光粉产生单色光谱，以达到更高的光合效率，非常适合养殖水草使用。

T5 灯

PL 灯，就是节能日光灯（Power Less），是英文单词首字母的缩写。PL 灯价格便宜，产生热量少，可以有多种色温供选择，总亮度较低，比较适合水族箱养殖热带鱼。有些灯管外表相同，但发出的颜色和功能却不同，一般有发出白色、红色、蓝色、绿色的灯管。其中红色的灯管使用最为普遍，因为它可以使鱼体表颜色更为艳丽迷人，尤其在养殖红色观赏鱼的时候使用，如罗汉鱼、血鹦鹉、龙鱼等，可起到增色效果。养殖水草则最适合白色和绿色的灯管，这两种颜色的灯管有利于水草进行光合作用，也让水草看起来更翠绿。

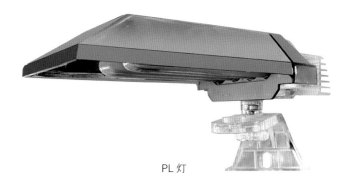

PL 灯

LED 灯，是英文 Light Emitting Diode（发光二极管）的缩写，它的基本结构是一块电致发光的半导体材料芯片，用银胶或白胶固化到支架上，然后用银线或金线连接芯片和电路板，四周用环氧树脂密封，起到保护内部芯线的作用，最后安装外壳。所以 LED 灯具有节能、环保、寿命长、抗震等特点，光线柔和，很适合水族箱使用。

金属卤素灯，价格较为昂贵，样式也更为精美，因为其光线的穿透力强，所以适合比较深的大型水族箱养殖水草使用。一般养殖水草选用色温 6500 开尔文、功率 150 瓦即可。长度为 60 厘米的水族箱配备 1 盏灯，长度为 90 厘米或 120 厘米的水族箱配备 2 盏灯即可。

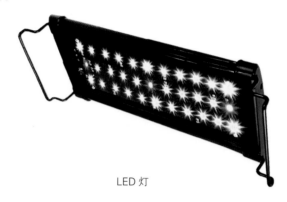

LED 灯

杀菌灯，一般没有灯座，且一般做定期短时间杀菌或清除绿水使用，如过滤器较大，可放于过滤器中。使用时间不宜过长，以免对养殖的生物造成伤害。

使用照明灯要注意的是：关灯时先关水族箱的照明灯，然后再关室内的照明灯；开灯时先开室内的照明灯，然后再开水族箱的照明灯。切记不要突然开关水族箱的照明灯，否则会惊吓到热带鱼。每天的照明时间不得超过 12 小时，并且要定时开关灯，使热带鱼养成一定的生物规律。灯管使用一段时间后就会变暗，应及时更换。

金属卤素灯

恒温设备和增氧设备的选择

◆ 加热棒和温度计

最常见的加热棒有两种，第一种为玻璃加热棒，一般价格低廉，使用范围广泛，可以应用在各种水族箱中，缺点是容易打碎。第二种为不锈钢加热棒，其优点是坚固、耐用，外观很有质感，缺点是价格较高。选择加热棒必须考虑功率匹配的问题。根据水族箱内外温差的大小，加热棒的选择各有不同，可参见下表。

加热棒功率的选择（W）

水族箱体积		25L	50L	75L	100L	150L	200L	250L	300L
加热上升的温度	5℃	25	50	50	75	100	150	200	250
	10℃	25	50	75	100	150	200	250	300
	15℃	75	100	150	200	300	200×2	250×2	300×2

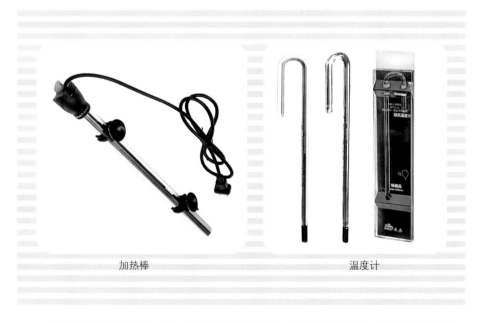

加热棒　　　　　　　　　　　　　　温度计

家庭用温度计共分为 3 种：贴膜式温度计是贴在水族箱的外面，感受水族箱壁传导的水温，靠颜色的变化显示温度，但易受气温的影响，很不精确，初学者最好不要使用；玻璃温度计置于水族箱内部，使用较为普遍，显示温度也较为准确；电子温度计相比于前两种更美观，且使用非常方便，可直接读数，也较准确，但一般价格较高。

◆ 增氧设备

养殖或繁殖热带鱼时一般设置空气泵增氧。空气泵与气石相连，从气石排出的空气使养殖水体增加溶解氧。其作用主要为：一是可以增加水中的溶解氧量，把氧气输送到每一个角落，避免因氧气不足而对鱼类产生危害，特别是对未栽种水草的水体更为重要。二是充气可以使水体产生流动，避免水族箱内上下水温不一致。三是由于水中氧气的增加，使硝化细菌的活动加剧，从而加速了水中有害物质的分解，改善水体环境。四是由于气泵输入的气体形成气泡从排气口喷出，由水箱下层向上漂浮，增强水族箱的动感，提高水族箱的观赏价值。

增氧泵

有用的附属器具

◆ 水草种养配套器具

二氧化碳供应系统

二氧化碳供应系统包括二氧化碳气瓶、减压表、电磁阀、止逆阀、计泡器、细化器、气喉、定时器等。

二氧化碳气瓶一般由铝合金或铁制成，也有不锈钢瓶，里面充满二氧化碳气体，由于瓶里面气体压力极高，故需要配置减压输气配件后使用。减压表就是配置在二氧化碳气瓶上为其减压从而让气体慢慢释放的装置，一般有 2 个表，能同时显示瓶内气压和输出压力，具有减压和阻流作用。电磁阀是有控制功能的气门阀，通电时气体才能通过，停电时气体不能通过。止逆阀是用来防止水族箱中的水倒流到减压表及二氧化碳瓶内的小配件。计泡器是能直观地了解二氧化碳气瓶供应二氧化碳的速度，一般小型水草造景缸将二氧化碳控制在每秒 1 个气泡、中型造景每秒 2～3 个气泡、大型造景每秒 3～4 个气泡。气喉则是连接减压表、止逆阀、计泡器的连接喉管。

　　为了使水族箱中的二氧化碳分布均匀，常在水族箱中使用二氧化碳细化器。它能将二氧化碳气泡打碎成很多细小的气泡，通过水流将这些细小的气泡分散到水族箱的各个角落，使每株水草都能吸收到二氧化碳。定时器则是用来控制二氧化碳系统出泡时间的装置，非常有用。

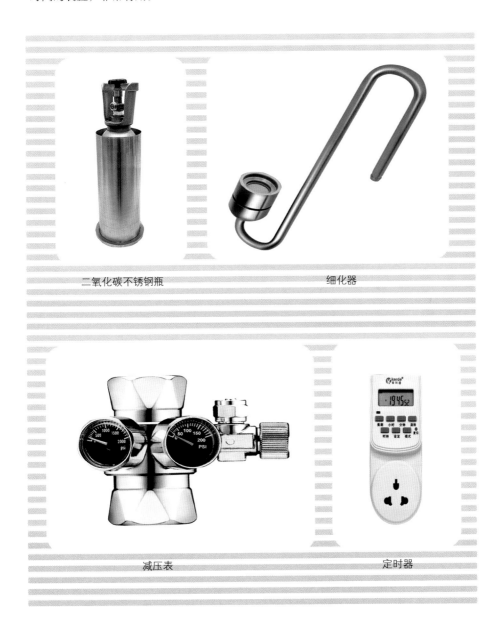

二氧化碳不锈钢瓶　　　　　　　　　　　　　细化器

减压表　　　　　　　　　　　　　定时器

水草剪刀和水草镊子

水草剪刀和水草镊子是用来修剪水草的，在维护水草时经常被使用，是水草造景的必备工具。

水草剪刀

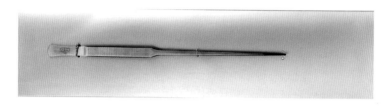

水草镊子

刮刀

刮刀可以用来整理底沙，也可以用来清洁玻璃，刮掉缸壁上的绿藻，非常实用，也是水草造景必备用品。

刮刀

◆ 其他饲养器具

捞鱼网

捞鱼网是饲养热带鱼必备的工具，主要用于移动热带鱼、捞取剩饵和粪便以及其他废物。捞鱼网形状以圆形为最佳，网孔不宜过大或过小。如果网孔过大，会使小鱼头部或鳍部卡在网孔里；如果网孔过小，鱼网在水中移动时受到阻力增大，会造成使用不便。选购捞鱼网时还应注意质地要柔软，如过硬则容易造成热带鱼外伤。

吸水管或洗沙器

吸水管和洗沙器同样用于换水和吸掉水中废物、粪便、剩饵等。如果没有底沙可以仅选用吸水管，如果有底沙则最好选择洗沙器。洗沙器的作用原理是：底沙比水的比重大，废物、粪便、剩饵等比水的比重小，在洗沙器虹吸作用下，废物、粪便、剩饵就会被吸走，底沙则依然留在水族箱底部。

刷缸器或磁力刷

水族箱的玻璃需要定期清洁，刷缸器则起了很大的作用。磁力刷是利用磁力相吸的原理制成，从水族箱外部即可清除水族箱内壁上的青苔和污物。

储水桶

储水桶是为了储备养殖用水的，可将自来水放入桶中除氯，供热带鱼换水使用。

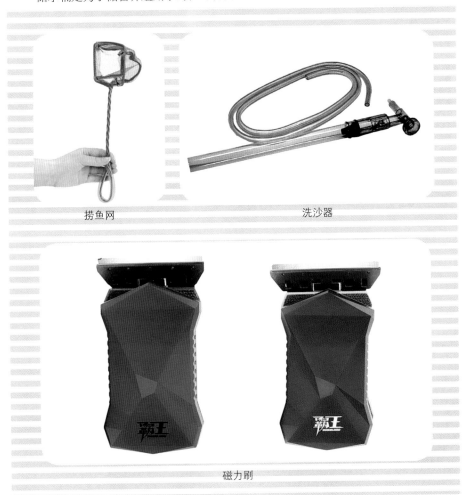

捞鱼网　　　　　　　　　　　　　　　　洗沙器

磁力刷

选择底床和装饰物

◆ 底床

在水族箱的底部铺设底沙，可以起到增加水族箱的美感、为水草的生长提供有利条件、固定其他装饰物等作用。市场上常见的底沙有荷兰沙、鼠鱼沙、坦鲷沙、黑沙、陶粒、水草泥等，这些底沙都可以用来装饰水族箱。荷兰沙、黑沙、陶粒、水草泥等用来养殖水草，本书后文中有所介绍。鼠鱼沙一般是为养鼠鱼和异形鱼专门铺设的沙子，坦鲷沙则是坦鲷类喜欢的沙子，都是根据这些热带鱼的习性生产的沙子。还有一种特殊的底沙叫火山石，是专门用来饲养罗汉鱼时使用的，红色的火山石和罗汉鱼搭配起来非常漂亮，也有利于水体 pH 值的升高，对罗汉鱼体色非常有利。

◆ 装饰物

假山、凉亭、假水草等是水族箱常见的装饰物，这些装饰物不必在清洁方面费太多时间，所以深受家庭养殖者喜欢。光滑的鹅卵石和五彩缤纷的小石子是饲养大型鱼常见的装饰物，尤其是在饲养血鹦鹉和龙鱼的缸里非常常见。三湖慈鲷的布景中一般使用置景石、岩石、贝壳等作为装饰，这样不仅可以硬化水质，还为鱼儿躲避提供了方便。水草造景则一般使用沉木、杜鹃根、青龙石等，摆放起来也很有讲究，本书后面将仔细介绍。

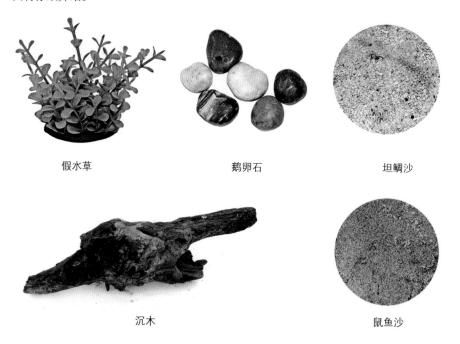

假水草　　　　　　　　　鹅卵石　　　　　　　　　坦鲷沙

沉木　　　　　　　　　　　　　　　　鼠鱼沙

饲养设备的安装

◆ 水族箱的处理

如果您的水族箱是新购买的，则在养鱼前必须对新箱进行处理。所谓新水族箱是指没有养过鱼的。处理一个新水族箱，要做到以下 3 点：首先要看水族箱内壁有无油渍，如有油渍，应先用餐巾纸或报纸擦掉油渍，擦干净后就可以加水了。然后要注意看水族箱是否漏水，如果不漏水，可以在水族箱中放入 5 毫克 / 升的高锰酸钾溶液对水族箱进行消毒，消毒后用清水反复清洗水族箱，直到没有高锰酸钾残留为止。最后，将水族箱晾干后贴上背景纸。

新水族箱要经过处理

◆ 清洗底沙

将底沙一点点放入水桶中，像淘米一样清洗，直到清洗干净。

◆ 铺设底床

放置底沙并把沙底铲平，即将底沙慢慢放入水族箱中，然后将底沙摊在底部，用刮刀等铲平。如果不想养殖水草，则不用放入底沙，可以放几个石块作为装饰。

清洗底沙

放置底沙并铲平

◆ 安装过滤器

　　将过滤棉、生化棉、活性炭、生化环、水泵等水族器材放入上部过滤器并安装好，然后再安装到水族箱中。如果使用其他过滤器，也要先安装好再准备使用。

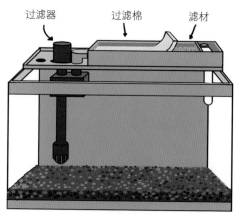

安装过滤器材

◆ 放置加热棒和温度计

　　饲养热带鱼要特别注意设置加温装置，放入鱼之前要开启加热棒，将温度调整到适合饲养热带鱼的温度。

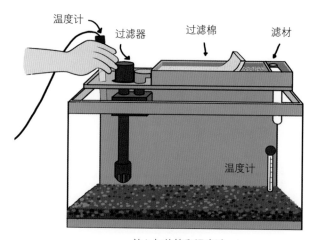

放入加热棒和温度计

◆ 放置装饰物并加水

放入装饰物后加入自来水就可以了，自来水不用经过除氯处理，在底沙上面放一个木板或盘子，以防水流冲力太大将底沙和水草冲散。

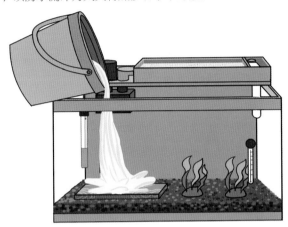

放置装饰物并加水

◆ 通电运行

安装照明设备，接通电源，让水族箱的水过滤循环几天，以培养硝化细菌。这时如果在水族箱中放入劣质热带鱼或死蛤蜊等，可以辅助培养硝化细菌。经过 5 ～ 7 天，硝化细菌基本培养起来后就可以去选购心爱的热带鱼了。切不可过于着急，一定要等水养好才能买鱼，而初养者很难判断水养好的标准。一个很简单的方法就是，到市场买一条价格最便宜但一定是健康的热带鱼，放到水族箱中养几天，如果这条热带鱼的状态依然良好，就证明水已经养好了。

通电运行

选购热带鱼

小型鱼看重健康

鉴别健康热带鱼的方法可参考下表，符合指标的热带鱼就大可放心选购回家，享受饲养的乐趣。

鉴别健康热带鱼的方法

身体部位	特　征
整体形态	鱼身各部位都不能有畸形，体型要圆，身体要薄
活跃程度	鱼儿要活泼，泳姿稳健、平衡感强，当人靠近后，会主动与人接近
体表	有光泽，鳞片完整无脱落，黏液无混浊，无寄生虫
头	头上无空洞，无异常
嘴	嘴上没有突起、出血或化脓
鳍	各鳍延展伸直，无破损，而且要具有清澈透明感，基部无充血
鳃	鳃丝清晰，颜色鲜红，呼吸平均缓和
眼睛	眼球明亮饱满，无异常突出或凹陷，且与身体比例合适，角膜透明
生殖孔	紧缩，无充血发红和外突
食欲与粪便	食欲良好，粪便结实，没有黏液便，表示消化功能良好

健康地游着

在水面附近
无力地游动

不主动吃食

要选健康的热带鱼

选鱼小贴士

对新手而言，选购健康热带鱼最简单的方法就是看它是否吃食，如果不吃食，那就千万不要购买，这是很危险的信号。

大中型鱼选购有诀窍

大中型热带鱼看重的是"鱼"而非"景"，而且价格通常较高，所以鱼的选购就成为了重点，以下介绍几种价格相对较高的热带鱼选购要点，以免花冤枉钱。但要明确的是选购大中型鱼也是要根据上述的健康标准把健康放在第一位。

◆ 龙鱼选购要点

龙鱼是观赏鱼中最为名贵的品种之一，所以在选购时要尤其注意，一旦选择不好，损失是可想而知的。

部 位	选 购 要 点
体 型	龙鱼的体型要修长，整体感觉流畅，至于胖瘦则各有所好
体 色	龙鱼的种类不同，其体色也不同。红龙的红色是具有红色的鳞框（指鳞片外框）。鳞框颜色越红，价值越高。鳞片的红框要鲜艳，鳃盖的红色要呈艳红色，且要均匀。红尾金龙鳞片的金框要明显，全身闪烁金色光芒，色泽要均匀。过背金龙鳞片的颜色呈现出较多的变化，如蓝色、金色等，但基本上颜色都要过背。过背金龙的鳞片上有金色细框，细框延至背部的鳞片上，全身金色，色泽均匀，腹部底下的鳞片也应呈黄金般色泽。背鳍与尾鳍的上半部以深蓝色为佳
鳞 片	鳞片要整齐、均匀且具有光泽。色泽和亮度尤其重要，在灯光的照射下，要能反射出亮丽的光泽
鳍	游动时，各鳍要优美、舒展。胸鳍要大而且长，弧度要优美，张开后要平滑地伸展，不能左右鳍不对称，或一个鳍有弯曲；背鳍和臀鳍同样不能有弯曲或卷曲的现象；尾鳍要大且不能有波浪状，要张开有力，颜色要鲜明，尤其是红尾金龙，尾鳍的颜色要更红
眼 睛	眼睛要端正、平坦，不能突出，且紧贴鳃部，不下视，转动时左右对称，且要炯炯有神
嘴部和触须	嘴形应为上翘型，上下唇闭合。触须要左右对称且笔直，颜色和体色相同。如果两条触须卷曲或不整齐都会影响观赏效果
泳 姿	游动时应呈水平状，头部和身体呈水平，各鳍均展开，转弯时弧度优美且顺畅。不可选购游动时鱼体歪斜且游动无力的龙鱼

完美的紫艳红龙

◆ 罗汉鱼选购要点

　　罗汉鱼市面销售价格也比较昂贵，很多人都梦想拥有一尾优质罗汉鱼，下面介绍的几个方面可以帮助您进行选择。

优秀的罗汉鱼

部　位	选　购　要　点
体　型	略成方形是最美的体型，身体左右平衡、对称，并且浑厚有肉为最好，身体厚实的罗汉鱼给人感觉自信有活力
体　色	体色鲜艳，对比感强，整体色调搭配和谐、匀称为佳
头　部	头部饱满并且配合体型均衡的成长，浑圆且无下垂的感觉
鳍	鳍部边缘要完整无缺刻，鳍条清晰耸直，各鳍挺直延展
眼　睛	高品质的罗汉鱼一般都拥有一双宝石般的红色眼睛，并且不能下视，要直视或远瞻。眼睛要黑的黝亮、红的朱赤、红黑分明
鳞　片	墨斑鳞片的要求是大、多、黝黑且明显，身体分布左右对称，由眼后一直分布到尾柄部位为最好。体表的珠点以均匀分布在每一片鳞上，并能延续到各鳍，且能发出圆润光彩者为佳
泳　姿	游动时不慌不忙，各鳍伸张正常、张开有力，和身体相互协调地"舞动"着，不会有缩鳍的现象。罗汉鱼喜欢和人嬉戏、玩耍，这是罗汉鱼的独特个性

◆ 七彩神仙鱼选购要点

　　如果同样都是健康的七彩神仙鱼，如何判断哪一尾更优秀，更值得购买呢？下面就教大家几点选购的方法。

漂亮的七彩神仙鱼

部 位	选 购 要 点
体 型	无论成鱼或幼鱼，要高而圆，如果为椭圆形则为下品
体 色	体表花纹要优美、艳丽，不能暗淡无光
头 部	头不能尖，正面观察鱼脸部及嘴部，线条必须优美流畅，勿歪脸歪嘴。脸型要饱满，不要瘦可见骨；体表、骨骼不能有弯曲
鳍	各鳍伸展有精神，不能有缩鳍的现象发生，有则为病态，腹鳍各鳍勿长短不一，不要被折到
眼 睛	眼睛大小应与身体大小成比例，明亮且有神
鳞 片	鳞片、体色要有光泽
泳 姿	买鱼时，用手在鱼缸前来回晃动，鱼能追逐手影，爱游动，不乱窜，则表示当时的健康状况是良好的

带热带鱼回家

◆ 运输

　　热带鱼的运输必须要注意水量、氧气和水温这三个要素。水只要刚刚没过鱼就可以了，如果水太多，鱼的活动就会增加，这样不利于保持热带鱼的体力；装热带鱼的袋子里要有足够的氧气；水温变化不能太大。

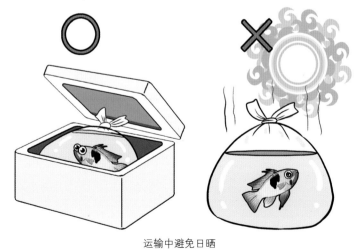

运输中避免日晒

此外，还要注意运输的时候不要伤到热带鱼，不要让热带鱼受大的刺激。例如用汽车运输时，要尽量避免车体的大幅度颠簸、振动，以免水体剧烈晃动使热带鱼受到惊吓。炎热的夏季，还要注意避免阳光直射到包装袋，以免袋子内的水温快速上升或使热带鱼受到紫外线的伤害。冬季则要注意保温，一般使用泡沫箱或保温袋装鱼。

◆ 放鱼入箱

热带鱼购买回家后，不要马上把袋子里的鱼放入水族箱中。因为袋子里的水和水族箱里的水水质不一样，如果立刻把袋里的鱼放入水族箱很容易影响鱼的健康，严重的会导致鱼的死亡。要让鱼慢慢适应水族箱里的水质很重要，这时要做的是以下步骤。

水温适应性调节

热带鱼由一个水环境到另一个水环境中，要有一个适应过程，为避免水温骤变对热带鱼造成影响，需要将装有热带鱼的袋子泡在水族箱里至少 20 分钟，使袋内的水温与水族箱内的水温逐渐接近。

水温适应性调节

新鱼消毒

热带鱼生活在水中，体表容易沾染各种微生物，这些微生物有的对鱼无害，有的对鱼有害。在鱼体免疫功能正常的时候，自身可抵御病原微生物的侵害，而在购鱼的过程中，热带鱼因为环境的变化和受到过度的惊吓，其免疫力迅速下降，病原微生物就会很容易侵入鱼体，导致热带鱼发病。这就是为什么热带鱼在专卖店时非常活跃，回到家后就容易发病的重要原因。

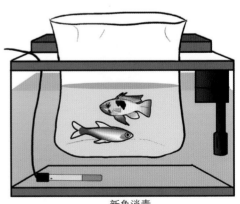

新鱼消毒

在新鱼入箱前，必须往鱼袋里放入食盐，使袋内水的盐浓度为 0.3%。浸泡热带鱼 15 分钟，可以杀灭部分体表的病原微生物，之后才可将热带鱼放进水族箱中。

水体适应性调节

水体适应性调节就是让袋子中的热带鱼充分适应新水体的过程，这个过程既复杂又重要。调节时慢慢地向装着热带鱼的袋子里加入新水，又舀出混合水倒掉即可，直到觉得袋子中的水基本成为新水为止，这时热带鱼大体已适应在新水里生活了。

水体适应性调节

安全入箱

水体适应性调节结束后，将整个袋子完全浸没在水族箱的水体中，让热带鱼自己游出即可。热带鱼进入水族箱后最好让它好好地休息，不要打搅它。

新购的热带鱼入箱后的 2～3 天内不应喂食，待其适应新的环境后再定时定量投喂饵料。开始几次最好投喂人工饵料，而且投喂量不应过大。开始几次的投喂量以热带鱼在 5 分钟内吃完为标准，如果 5 分钟内热带鱼不能及时吃完，证明投喂量过大，下次要减少投喂量。

另外，有时发现买回家的热带鱼体表变黑或色泽不如专卖店里鲜艳的情况。不必担心，这一般属于正常现象。因为刚买回来的热带鱼还未适应新的环境，过几天一切都会恢复正常。如果超过 3 天还没有恢复正常，那就要和热带鱼专卖店联系，询问一下这尾热带鱼的情况了。必要时，要调换一尾健康的热带鱼。

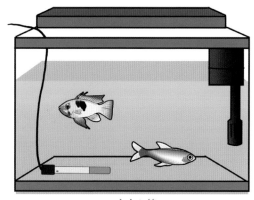

安全入箱

养鱼生活的日常

水质的日常监测和处理

◆ 适合的水体

自来水

自来水是饲养热带鱼最常使用的水体，其 pH 值接近中性，需要注意的是自来水中含有氯，而氯离子对热带鱼是有害的，所以使用前要清除。清除自来水中氯离子可以使用晾晒法，即把自来水在阳光充足的地方暴晒 3 天，除氯后方可用于饲养热带鱼。如果有气泵和气石，可向水中不停充气，加速暴晒除氯的进程。如果没有时间并且着急使用，则可用市售除氯的药水除去自来水中的氯离子，有些产品既可去除氯，又可稳定水质，是不错的选择。

放置 1~2 天

加药处理水，适合比较急的情况

自来水的处理

井水

不同地区井水水质差别很大，所以需要根据具体情况做相应的水质处理。如有些地方的井水硬度非常大，一般井水中的细菌含量也较高，所以需要经过处理方可使用。

泉水

有些观赏鱼爱好者喜欢用泉水饲养热带鱼，因为泉水中富含矿物质，对观赏鱼生长有利，能使热带鱼的体色更为鲜艳。但有些地方泉水的水质硬度较大，不适合养殖热带鱼，而且细菌含量较高，需要经过一定处理方可使用。

◆ 水质指标

色度

水的色度是指颜色和透明度。养殖热带鱼的水体最好为无色透明，没有混浊物。

温度

热带鱼需要较高的饲养水温，20～30℃都可以生存，但最适水温为24～28℃。在养殖过程中，要尽量避免水体温度突变，如果温差超过2℃，热带鱼会因为不适应而生病。

溶解氧

溶解氧是指溶解在水中的氧气量，用D.O.表示，单位是毫克／升。对于热带鱼而言，水体中的溶解氧在5～7毫克／升均属于正常。而当鱼排泄物较多时，容易造成水质恶化，水中缺氧，这时要保持水中有充足的溶解氧。

酸碱度

水的酸碱度一般用pH表示。pH的范围为0～14，pH 7为中性，pH 7以下为酸性，pH 7以上为碱性。热带鱼习性不同，喜欢水体的酸碱度也不同。热带鱼原产地的水质大部分为微酸性，加上地表和水中腐殖质较多，所以pH 6～7为热带鱼比较适应的酸碱度。但也有的热带鱼喜欢偏碱性的水质，比如三湖慈鲷，因此要根据鱼的种类对水质加以调整。

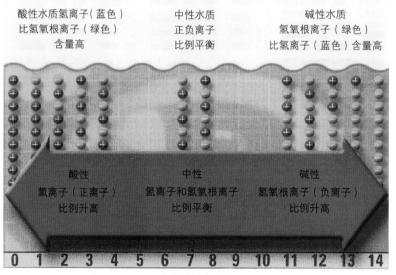

水体酸碱度分析图

硬度

硬度为水中含有钙镁离子的总量，一般用 KH 表示，KH 7 以下为软水，KH 7 以上为硬水。水中金属离子的含量决定硬度的大小，同时硬度也和 pH 有关系，pH 高则水体硬度就偏高，pH 低则水体硬度就偏低，但两者没有绝对的换算关系。在通常情况下，想调整水体的硬度可通过调整水体 pH 来间接实现。一般而言，自来水较软，井水、泉水较硬。大部分热带鱼喜欢在软水和低硬度的水中生活与繁殖，软水中钙、镁、铁等金属离子的含量少，适合大多数鱼类生活。但三湖慈鲷喜欢硬度较大的水质，这跟它的原始生活环境有关。热带鱼若突然从硬水转到软水或从软水转到硬水都会有应激反应，这也是新鱼入箱为什么要进行水质适应性调节的原因。饲养热带鱼的水体要调整硬度，可以用调整酸碱度的方法来实现。

氨氮、亚硝酸盐、硝酸盐

氨、氮是对水生生物有害的化学物质，含量过高会造成生物的死亡。氨、氮是蛋白质分解的产物，热带鱼和其他水生生物的排泄物，如尿素、粪便会产生氨、氮；水族箱中的剩余饵料和死鱼分解也会产生氨、氮。在养殖热带鱼的水体中，氨、氮含量应控制在 0.1 毫克 / 升以下。

亚硝酸盐是氨、氮氧化后的初级产物，对鱼或水生生物也有毒害作用。在养殖热带鱼的水中，亚硝酸盐含量应控制在 0.1 毫克 / 升以下。

硝酸盐是氨、氮氧化后的最终产物，对热带鱼和其他水生生物没有直接伤害，但积累过多会使水质老化，有害细菌、藻类滋生，导致水体中的生态失衡。饲养热带鱼的水中，硝酸盐含量一般应控制在 30 毫克 / 升以下。

◆ **水质日常监测**

酸碱度测试

（1）石蕊试纸（广泛试纸）测定法

此种方法最为经济，但不精确，误差较大。测试方法为：将石蕊试纸（广泛试纸）的一段放入所测水体中 5 秒钟，试纸颜色会根据水体酸碱度不同产生从红色到蓝色的变化，然后拿试纸和比色纸的颜色对比，就可以获得相应的 pH 值了，但由于是用人的肉眼比色读数，所以误差较大。使用此种方法时，要注意避免石蕊试纸受潮失效。

（2）pH 测试剂测试法

此种测试方法较石蕊试纸测试精确，因也是采用人工比色，所以也存在一定误差。pH 测试剂的使用方法为：从市场购买一盒 pH 测试剂，按照说明书上的操作方法，取 5 毫升要测试的水放入一个透明容器中，滴入适量的测试剂，轻摇均匀，即产生颜色变化，然后和比色表比色，即可读出 pH 值。

（3）pH 电子测试仪测试法

采用此种测试方法测试的 pH 最为精确，但 pH 电子测试仪价格通常较贵，不利于普及。此测试方法为：将测试仪的电子感应探头置于所测试的水中，轻轻摇晃数下，即可在测试仪的显示屏上读出 pH 值。

氨、亚硝酸盐、硝酸盐测试

如果想精确地知道水中氨、亚硝酸盐、硝酸盐的含量，可以从市场上购买氨、亚硝酸盐、硝酸盐的测试剂，按照说明书上的说明，用滴定比色的方法进行测试，通常测试剂上面有详细的使用说明，在此不做详述。

硬度测试

测试水的硬度的方法常见有 3 种：一是将要测试的水煮沸，如果有水碱出现则为硬水，如果没有则为软水，但这种方法不太准确，通常不被使用。二是从水族箱中取出一部分水，用肥皂来测试，将肥皂放入水中，用手拨弄使其出现泡沫，如果不出现泡沫，证明硬度过高，如果长时间泡沫不破，则为软水。三是采用硬度测试剂测试，从市场上购买一盒硬度测试剂，按照说明书上的要求进行操作，在一个有刻度的试管中注入 5 毫升待测水，然后滴入测试剂，直到试管内颜色改变，由所滴定的滴数来算出硬度。

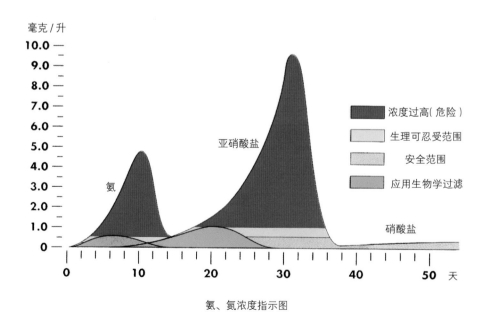

氨、氮浓度指示图

◆ 水质处理

酸碱度的调整

如果想让水中酸碱度降低，可以加磷酸等酸性控制剂或放入沉木、软水树脂等物质把 pH 慢慢调低。还可以使用市面销售的黑水，一般为天然的泥煤萃取物，其富含维生素、腐殖酸、缓冲素等，具有软化水体和降低水体 pH 的作用，可以使水体更为接近于亚马孙河流域的天然水域环境。

如果想升高酸碱度，可加入含有碳酸钙材质的摆设，如珊瑚沙、珊瑚、贝壳和岩石等，在水中会逐渐释放出碱性物质，使水体酸碱度增大。此外，不管是想让 pH 升高或降低，都可使用市售 pH 调节剂或硬度调节剂，按照使用说明操作即可。

降低氨含量的方法

想想使氨的含量降低，首先要保证过滤器设置合理、运行正常，且硝化细菌能正常地发挥作用。如果是刚刚建立不久的新水族箱，可以加一些市售硝化细菌来降低水中氨的含量。另外，还要注意养殖密度，如果水族箱中饲养观赏鱼数量较多，氨的含量通常会增加。

换水

最后要注意换水频率和换水量，具体的换水方法、换水频率、换水量我们会在下面的内容里有所介绍。换水时一定要使用提前处理好的水，或者在新水中加入除氯、氨的水质稳定剂对水质加以调整。换水是保证养殖水体质量的必要措施。换水时要注意以下几点。

吸走水中或底沙中的杂物

晾晒新水　使用自来水养殖热带鱼，要对自来水进行处理，前文已经介绍，养殖者可按照介绍的方法进行水处理。

定期定量换水　一般每周换水 1 次，每次换掉水族箱总水量的 30% 即可，平时视水族箱中水体蒸发情况酌情补充一些新水。新水的温度要和水族箱里的温度保持一致，温差不可过大，否则将对热带鱼造成刺激。换水不仅要换掉部分老水，更重要的是清除水中的杂物、消除污染源。一般在换水时，应关闭水循环设备，停止水族箱内水的流动，水保持在静止状态，以便将底沙中的粪

清洗过滤棉

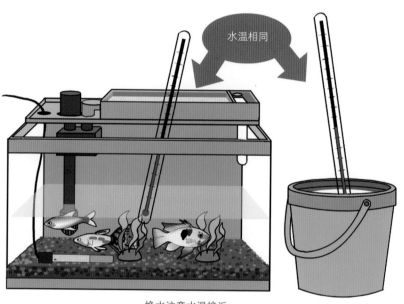

水温相同

换水注意水温接近

便和异物全部吸走。清除污物后，还要注意清洗过滤棉，如果过滤棉上的污物依然存在，就没有完全达到目的。清洗过滤器则只要每周清洗过滤棉即可，其他过滤材料不要经常清洗，以免辛辛苦苦培养起来的硝化细菌因清洗而受到损失。加水时要控制好添加新水的速度，要缓慢，不可过急过快。如果有底沙，可在底沙上面放一块小木板或盘子，以免水流将底沙和水草冲散。

关注热带鱼反应　边加新水边密切注意热带鱼反应。如果发现热带鱼有缩鳍、体表颜色黯淡等不适状况发生，要马上停止加水，待热带鱼不适症状缓解后再继续添加新水。

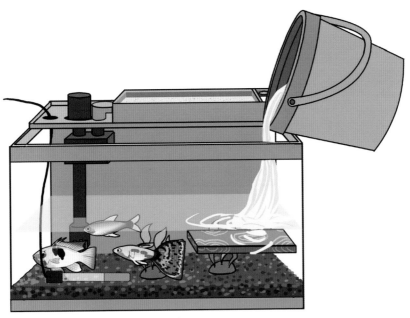

加水要缓慢

判断水质好坏小贴士

　　"养鱼先养水。"水是热带鱼生长至关重要的环节，大部分疾病都是由于水质不良引起，所以要时刻注意热带鱼生活的水质。水体看起来要清澈、无混浊、无异物；热带鱼在水中快乐地游弋，摄食积极，粪便正常，没有病态。这些就说明水质是良好的。

饵料的种类和投喂方法

◆ 天然饵料和人工饵料

天然饵料

一般情况下，观赏鱼对天然饵料特别是活饵比较感兴趣。天然饵料可以增加观赏鱼的捕猎性及活跃性。但活饵体内含有较多寄生虫和细菌，很容易使观赏鱼患病，而且观赏鱼在捕捉活饵的时候还可能会撞伤身体。因此，如喂食活饵，应把活饵清洗干净，除菌后再喂食，而且在放入水中时可以先把活饵捏晕，使观赏鱼比较容易吃到，以免鱼儿受伤。

为了减少活饵带菌对观赏鱼带来的伤害，通常情况下，把活饵清洗干净，去掉泥沙等杂质后，直接冰冻，再喂食观赏鱼较好。因为活饵经过冰冻后，身上的大部分寄生虫和细菌会在低温下死去，再喂食观赏鱼比较保险。有条件的话最好在喂食之前进行紫外线杀菌处理，对观赏鱼更为有益。

（1）红虫、线虫

红虫是最为常见的优良活饵，蛋白质含量高，营养丰富，但含菌量较高。为了减少活饵带菌对热带鱼带来的伤害，通常要把活饵清洗干净，去掉泥沙等杂质后，直接杀菌（一般用紫外线杀菌灯照射）并冷冻后再喂食较好。由于以上处理过程对于个人饲养者很难做到，特别是杀菌这一步，所以建议购买品牌冷冻红虫。

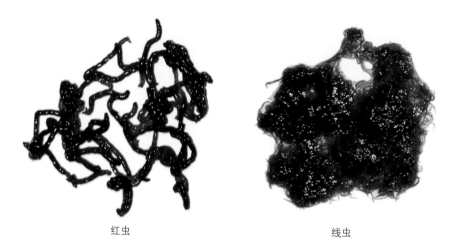

红虫　　　　　　　　　　　　　线虫

线虫也称为丝蚯蚓、水蚯蚓等，适合喂食小型观赏鱼，是非常常见的活饵，经常在水沟或泥沼中活动，体色微红。它的营养丰富，体内含有大量脂肪和蛋白质。因线虫生长在水质被污染的地方，投喂之前要经消毒处理。正在繁殖的亲鱼最好不要投喂，以免造成肠道细菌感染。

（2）面包虫和大麦虫

大型鱼一般喂食面包虫和大麦虫，这两种饵料的营养价值很高，富含蛋白质、荷尔蒙、钙和磷，是比较好的动物性饵料。面包虫在蛹化及刚蜕壳时，钙和磷的含量最高，鱼吃了以后会使鳞片色泽增加，更加亮丽。在鱼发情、产卵前后多喂食面包虫，孵化率会大幅提高，仔鱼也会更健康。面包虫非常容易养殖，只要在饲养面包虫的盒子里放些面包屑或馒头屑就可以了。在培养大麦虫的过程中，可以人为地添加少许红色素，这样培育出来的大麦虫体呈红色，称为增红大麦虫。热带鱼喂食增红大麦虫后，有利于发色。

面包虫

大麦虫

（3）虾肉和鱼肉

大型热带鱼最喜食活的小虾或小鱼。这种饵料营养全面，非常适合鱼儿的口味，尤其是虾，不仅营养丰富，而且在热带鱼出色方面有一定作用。活鱼以喂食红色的草金鱼为好，这样对热带鱼增色有很好的效果。但活鱼、活虾含菌量较高，不宜直接投喂，

冷冻虾

最好喂食经过加工的鱼肉或虾肉。但加工好的鱼肉或虾肉很容易变质，要特别注意保持新鲜。另外，为节省时间，可以一次性多买一些，并将加工好的鱼肉或虾肉放入冰箱冷冻，解冻后即可投喂。

（4）蚕蛹、蟋蟀、泥鳅、蚯蚓

蚕蛹富含蛋白质和脂肪，是比较好的动物性饵料，一般用于投喂罗汉鱼、龙鱼等大型鱼，但喂食量不可过多，喂食过多容易造成观赏鱼肥胖、脂肪肝等。亲鱼繁殖时可适当增加投喂量，以利于亲鱼的发育和产卵。另外，蚕蛹会发生氧化。氧化变质的蚕蛹一定不能投喂。

将购回的蟋蟀剪去大腿，然后用较大的容器饲养，以胡萝卜喂食。蟋蟀只能投喂大中型鱼，如罗汉鱼、龙鱼等，但是它的很多部位都不容易被观赏鱼所消化，所以不宜作主食，只适合偶尔投喂。观赏鱼食用蟋蟀后，粪便多为碎末。

泥鳅比较容易保存，买来后将其放入水中暂养，每2～3天换1次水，不用喂食。投喂之前，要将泥鳅仔细清洗、杀菌，掐晕后再投喂，且只适合投喂大中型观赏鱼。

蜈蚣、蚯蚓主要供应大中型观赏鱼成鱼食用，尤其是龙鱼和罗汉鱼成鱼。喂食蜈蚣和蚯蚓可以使其体色更加鲜艳。

蚕蛹　　　　　　　　　　蟋蟀　　　　　　　　　　蚯蚓

（5）丰年虾

丰年虾又叫丰年虫、卤虫，属于节肢动物门，广泛分布于陆地上的盐田或盐湖中，用来投喂幼鱼，营养价值非常高。丰年虾的冬卵是一种很特别的休眠卵，可以晒干装罐，以商品形式上架销售，并且可以很方便地孵化出来作为优质活饵料。如果觉得麻烦，市场上也有冷冻丰年虾可供选择。

丰年虾不容易得到，但却是鱼苗最好的食物，具有干净卫生、不易破坏水质等优点。丰年虾可以选购正规厂家生产的冷冻丰年虾，也可以购买市场上的丰年虾干燥卵，按照说明书的方法孵化即可。孵化丰年虾一般是把丰年虾卵投至3%的盐水里，然后用气泵不断往水里充气，水温保持在 25 ~ 28℃，经过 24 ~ 36 小时即可孵化出丰年虾。
停止充气后，将杯子倾斜，丰年虾就会聚集到杯底，用细吸管吸出活的丰年虾即可投喂。

丰年虾

丰年虾孵化过程

人工饵料

现在市场上销售的人工饵料种类丰富，但质量参差不齐。建议购买知名品牌，质量有保证，有利于热带鱼的健康。好的人工饵料营养丰富，搭配合理，而且投喂方便，可以购买一些人工饵料和天然饵料搭配使用。人工饵料一般有颗粒状饲料、薄片状饲料、贴片饲料、虾干、干燥红虫、干燥丰年虫等。一般小型热带鱼如孔雀鱼、灯鱼、美人鱼等适合投喂小型颗粒饲料、薄片饲料、贴片饲料；中型热带鱼如淡水神仙、三湖慈鲷等适合投喂中型颗粒饲料、虾干、干燥红虫、干燥丰年虫等；大型热带鱼如罗汉鱼、七星刀、地图鱼等一般投喂大型颗粒饲料、虾干等。

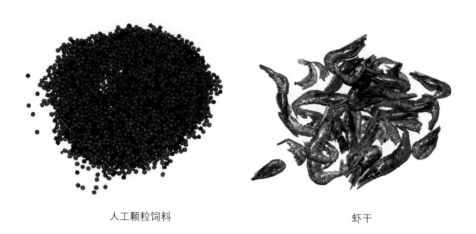

人工颗粒饲料　　　　　　　　　　　　　　　　　虾干

判断人工饵料质量的简便方法：①查看保质期，过期商品绝不能购买。②打开包装后闻闻是否有扑鼻的香味，如果没有，说明质量较差或已变质。③取少许饵料投喂，看热带鱼是否喜欢吃，如不喜欢吃，则证明这种饵料的适口性不好；注意观察热带鱼吃食饵料后的粪便，如果粪便出现异常，说明饵料有问题。

◆ 喂食

养殖热带鱼通常采用"四定"投饵法，这种方法不但可以培养热带鱼良好的生活习惯，也有利于其健康。如果长期坚持"四定"投喂法，不但可以使热带鱼养成良好的摄食习惯，增进人与鱼之间的感情，还可以提高饲养热带鱼的兴趣。

定时

定时指的是每次投喂的时间和间隔要固定，使热带鱼形成良好的进食习惯，以减少消化道疾病的发生。一般每天早上10点投喂一次即可。此外，投喂时间也应根据季节、温度及气候做相应的调整。

定点

定点指的是在固定的位置投饵，如果每次投饵的位置固定，时间长了，热带鱼就会经常在那个位置等待主人喂食。如果同时做到"定时"投饵，时间一长，便可形成条件反射，每天到了固定的时间，热带鱼就会主动到投饵位置等候，非常有趣。

每天定时喂食

定质

定质指的是要保证饵料既新鲜又有营养，不可投喂变质或过期的饵料，有条件的话还可用紫外线对饵料进行杀菌。

一次性不能投饵过多

定量

定量指的是根据热带鱼的大小、摄食情况、季节特点等决定投喂的饵料数量，投饵量为热带鱼体重的 1% ~ 2% 比较适宜。每次不要喂太多，不能让其暴食，否则就会出现热带鱼突然死亡的现象。每次投喂少量，足以让所有热带鱼立即抢食干净最好，然后再继续投喂相同量，所有热带鱼继续抢食干净，就这样投喂数次，感觉热带鱼抢食不太积极且肚子稍鼓便可不再投喂。投饵时要注意观察热带鱼的反应，当热带鱼食欲减退的时候就要停止喂食。

拒食小贴士

热带鱼拒食通常由以下几种情况引起。

①水质不良造成热带鱼拒食的情况经常发生，一般是由于水体老化造成的。有的饲养者喜欢每天都去抽取水族箱中的粪便，同时只补充极少量的新水，经过一段时间以后水体变老，造成热带鱼拒食。热带鱼因水质不良发生拒食现象后，应每天换去原水族箱总水量的 1/8 ~ 1/6，此操作最好持续 3 ~ 5 天。

②热带鱼因为消化不良而拒食的情况，往往是因为饲养者掌握不好投喂量，一次喂得太饱，引起消化不良。因消化不良引起的拒食，往往伴随热带鱼不喜游动、躲避在水族箱角落等情况。遇到这种情况要主动停食，待热带鱼有食欲后才恢复投饵。

③热带鱼患病时也会出现拒食现象，这时可见各种疾病特征出现，如体表充血、腹胀等。对于疾病要冷静分析，对症下药，热带鱼病情好转后自然就会开口吃食了。

④环境的突然改变，包括移动水族箱、更换了新背景、更改了水族箱内的布置等，也有可能造成热带鱼的拒食。这种拒食同时伴有浮头、快速游动、易惊等现象发生。找到了拒食的原因，尽量恢复以前的环境即可，如果不想恢复，则要耐心等待其适应。

◆ 特别注意

每天都要仔细观察热带鱼活动情况。热带鱼活动体现了其与环境的适应性和自身的健康状况。观察热带鱼的活动是每天要坚持做的工作，主要是观察摄食状况和游动状态。在热带鱼活动正常的情况下，就按"四定"原则投喂饵料，如发现摄饵不积极或游动无力等异常情况，就应及时检查水质，检查是否患病。要做到尽早发现问题、快速查找原因、及时解决问题。如发现死鱼，要及时捞出。

　　每天都要检查配套的设备运行是否正常。设备运行正常与否直接关系到水质的好坏，从而影响热带鱼的生长。每天除了检查水族箱有无漏水现象及过滤器、水泵等是否正常运行外，更重要的是经常对这些设备进行维护保养，以保证其运行效率。如定期清洗过滤棉，避免因污物积累过多而降低过滤效率；及时清除水泵进水口，保证水流量等。

　　夏天天气热的时候，水温一般能达到26℃左右，不使用加热棒也可以。但是冬天天气寒冷，水温一般较低，一定要配备并开启加热棒。

冬天要开启加热棒

外出小贴士

要外出几天，怎么给热带鱼投喂饵料？

　　如果要外出，只要保持过滤器正常启动，其他设备无异常即可。热带鱼就算几天不投喂也没有问题，只要保持水质良好即可。外出回来后，不可一次性投喂饵料过多，以免饿小的"胃"被撑坏。投饵要由少到多，循序渐进，直到热带鱼适应外出前的饵料量，再恢复正常的投喂量。

个别热带鱼的特殊饲养

◆ 怎样让热带鱼体色更鲜艳

营造更合适的生活环境

营造更接近于原产地的生活环境，让热带鱼生活更舒适，其体色就会越鲜艳。如罗汉鱼、七彩神仙鱼、龙鱼、血鹦鹉等生活在亚马孙河流域的热带鱼，养殖水体有较低的 pH 值，如 pH 6.5 ~ 6.8，会使这些鱼的颜色更加鲜艳。新加坡仟湖龙鱼集团生产的"自然神奇叶"是营造亚马孙河流域水质的好帮手，在水族箱中放入一些，对降低水体 pH、促进热带鱼发色、控制青苔生长等具有很好的效果，爱好者可以尝试一下。而生活在非洲三湖的慈鲷类，则需要生活在 pH 值较高的水里，这样才能散发它们迷人的光彩。

自然神奇叶

注意光照的使用

如果是红色的热带鱼，可以采用能发出红光的灯管，这样能使它们看起来颜色更红。如果体色不是红色，可以用白色灯管，灯管亮度较高，也能使热带鱼看起来更加鲜艳。

在饵料上做文章

可以给体色为红色的热带鱼投喂人工增色饲料、冷冻虾、喂食过红色素的面包虫等为其增色。因为人工增色饲料中一般都添加了特殊的增色成分，如胡萝卜素、鲑鳟鱼肌肉色素等；小虾中富含蛋白质和虾红素，这些都有利于热带鱼体色变得鲜艳。此外，还可以在人工饲料中添加鸡蛋来增色，具体方法是：将生鸡蛋和少许水混合 (1 个鸡蛋大约放 300 毫升水即可)，制成混合溶液；加入人工颗粒饵料，1 个鸡蛋的稀释液加入约 1 千克的颗粒饵料，充分混合后在太阳下晒干即可使用。

增红大麦虫

自制热带鱼增色饵料

打色小贴士

什么是打色?

　　所谓打色也称扬色，就是商户或繁殖场为了让售卖的鱼颜色鲜艳，在幼体阶段，给鱼注射或服用色素或激素。早期的方法是注射色素，甚至注射工业色素，这些色素影响鱼的健康，造成出售的鱼几乎不能存活。随着市场发展，很多商户认识到这种杀鸡取卵的办法只会损害消费者的信心，而不能促进市场销售。现今大多数渔场都采取了用激素或天然色素的办法为鱼打色。用于热带鱼打色的激素有很多，如虾红素、虾青素等。虾红素类的天然增色食物对鱼并没有伤害，只不过在服用后数周内，鱼的颜色会逐渐还原到原始状态。目前大多数批量生产热带鱼的渔场都掌握了有效的打色手法，除非选择特地留出的种鱼，否则要获得未打色个体并不容易。所以很多血鹦鹉、罗汉鱼等买回家后颜色逐渐褪去，就需要用上述饲养方法为其增色。

◆ 怎样让罗汉鱼额头变大

让罗汉鱼额头变大的方法有很多，可配合使用。如多喂食富含蛋白质的饲料，比如红虫、面包虫、小虾等，营养增强，罗汉鱼额头增大的可能性就会增加。或者在一个水族箱中设置几个玻璃隔板，将罗汉鱼隔离起来饲养，以每个隔开的空间里饲养一尾最适宜，这样既可以避免罗汉鱼相互打斗，又可以让罗汉鱼彼此相对，增加它们的"斗心"，有利于额头增大。还可以在水族箱中饲养另一种较为温顺的鱼，如血鹦鹉等，让它成为罗汉鱼的"沙包"不断攻击，增强罗汉鱼的好斗情绪，让罗汉鱼额头增大。这种方法虽然有些残忍，但效果不错。也可以在水族箱中放一面镜子，让罗汉鱼经常对着镜子看自己，以为水族箱饲养了另外一尾罗汉鱼，这

额头大的罗汉鱼

样也可以增强罗汉鱼的好斗情绪，使其额头增大。但经常对着镜子照容易使罗汉鱼产生"审美疲劳"，所以养殖过程中可以采取一段时间后把镜子拿开，然后再挂的方法，这样效果更明显。

让罗汉鱼照镜子

◆ 龙鱼翻鳃、眼睛下视、断须怎么办

龙鱼在饲养过程中经常会出现眼睛下视、翻鳃、断须等现象，这些现象并非疾病，但严重影响龙鱼的健康、降低欣赏价值。

翻鳃

翻鳃是龙鱼鳃盖后面的软骨部分慢慢地卷起来，能看到红鳃丝，鳃缘软部位张合不顺畅，呼吸不正常。严重时龙鱼呼吸急促、浮头不进食，进而鳃丝会受到细菌感染，影响鳃丝功能，造成龙鱼窒息死亡。有人说引起翻鳃的原因是水质不良，如过滤器不工作或喂食过多等，都容易引起水质不良，极易造成翻鳃。还有人认为是龙鱼紧迫感所引起，如水温变化太大、施用药物、多尾龙鱼群养或和其他品种混养等情况造成龙鱼紧张，所以造成翻鳃。

在饲养过程中，要尽量避免这些现象的发生，可以采取一些措施，如水族箱尽量设置大些，一般要大于龙鱼体长的3倍，宽度也最好比龙鱼的体长长，以便龙鱼转身。还应尽量保持水质稳定，做到"四定"投喂法等。而一旦发生翻鳃，就要及时处理。在此现象发生的初期，可通过改善水质来减轻，如勤换水、增加氧气供应、加强过滤器的过滤频率等，就可以慢慢地缓解。如果到了后期比较严重的阶段，就必须通过手术治疗了。手术前准备好手术工具和消炎药物，包括剪刀、镊子、呋喃西林等。将手术工具消毒备用，药品放在旁边。然后将龙鱼放入事先准备好的治疗缸中，用麻醉药剂对其进行麻醉。如果龙鱼不游动，手碰无反应，表明已经完全昏迷。此时可以将龙鱼捞出，放在湿布上，用经过消毒的剪刀，沿鳃盖边缘迅速修剪掉鱼鳍翻过来的部分。修剪后，将呋喃西林涂抹在修剪的部位，然后迅速将龙鱼放回原水族箱，待龙鱼苏醒后，在水中加入适量呋喃西林或大盐，以防伤口感染细菌。随后关闭灯光，让龙鱼静养，2～3天后再喂食。当龙鱼恢复体力后，增加氧气的供应和增强水流，促使其软组织的生长。待长出修剪掉的部分就痊愈了。

给龙鱼做翻鳃手术

眼睛下视

眼睛下视是指龙鱼眼睛向下突出，眼球经常向下看。这一般是由于饲养环境不良造成的。龙鱼属于上层游动的鱼类，当鱼缸中的光照过强而刺激鱼眼时，龙鱼为了躲避光线的照射，有可能会下视。另外，龙鱼为了寻找鱼缸底层的饵料，也会经常向下看，以致造成眼睛下视。

因此投喂饵料时，尽量一次性喂饱龙鱼，或尽量喂活饵，使龙鱼的视野集中在上层，这样可防止龙鱼向下方寻找食物，把视野集中在下层，造成眼睛下视。铺设底沙可以减少缸底反射光对龙鱼眼睛的刺激，降低龙鱼眼睛下视的机会。此外可以适当减弱鱼缸照明灯的光线强度，避免突然开关灯，以降低对龙鱼眼睛的刺激。定期转换照明光线的方向，有时可以将灯光放到鱼缸前面照射，有时可以和鱼缸成 45° 角照射，通过改变光线照射方向来调整龙鱼眼睛目视的方向。

龙须不直或断裂

龙鱼在饲养过程中会出现龙须不直或呈"八"字形、龙须断裂的情况。这一般是由于龙鱼生活空间太小，龙须常撞到缸壁；或缸内过滤水泵制造的水流太强；或先天发育不良；或多尾龙鱼群养或与其他品种混养时，相互打斗造成。

通常情况下，增大龙鱼生活空间、减缓水流强度可避免龙鱼断须。另外，给龙鱼喂食活饵时，将活饵掐晕后再投喂，也可避免龙鱼因追食过猛，碰撞缸壁或硬物而断须。龙鱼的触须可以再生，如果遇到龙须断裂的现象也不必着急，可以等待其慢慢再长出来。

龙鱼眼睛下视

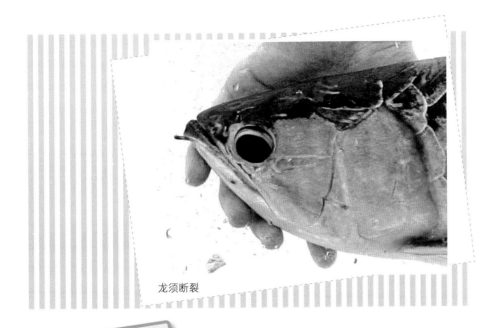

龙须断裂

龙鱼跳缸小贴士

　　龙鱼在原始的生活环境中有跳出水面觅食的特性，它可以纵身一跃吃到树上的昆虫。所以饲养龙鱼一定要给水族箱加盖，否则龙鱼随时有跳出水族箱的危险。盖上面最好放一些沉物压住，因为龙鱼跳跃起来的力量非常大，普通的水族箱盖一顶便可跳出。笔者曾遇到过两次龙鱼跳出水面的情况，一次是夜晚跳出，当时没有人知道，到了早晨龙鱼已经没了呼吸。第二次是白天跳跃出缸，水族箱上面有一层厚厚的玻璃盖，但由于没有压重物，龙鱼一跃而出。跳出后重重摔到了地上，已经奄奄一息，但由于旁边有人及时发现，马上把龙鱼抱回了水族箱，在龙鱼旁边充分给氧，龙鱼慢慢恢复，呼吸才一点点变得正常，直到完全脱离危险。

◆ 如何养好坦鲷

　　坦鲷即生活在非洲坦干伊克湖的慈鲷，是非常流行的品种，因为其造景简单，相对容易饲养，所以被很多爱好者喜爱。但因其生活环境的特殊性，想要养好一缸坦鲷也并非易事。

　　坦干伊克湖的平均 pH 值 8.4，总硬度 9 ~ 11，所以人工饲养坦鲷的水质需要碱性硬水。如果自来水是中性软水，可以造景时在缸里放一些碎的珊瑚沙和贝壳沙，提高硬度和pH值。此外，还可以在鱼缸中添加慈鲷盐，用于提高饲养水的硬度和酸碱度。饲养坦鲷一般使用上部过滤和底部过滤的方式，这两种方式放置滤材较多，过滤效果较好，比较适合坦鲷。饲养坦鲷一般使用天然饵料和人工饵料。天然饵料可选用丰年虾或冷冻的虾肉，人工饵料则选择专门的配方饲料便可。对于素食的蝴蝶等，要注意选择素食薄片投喂。蓝剑沙则喜欢以浮游生物为食，投喂丰年虾和薄片饲料均可。

　　混养是坦鲷需要特别注意的，一旦混养不适，很有可能因为打斗死亡惨重。首先要注意混养在一个缸的坦鲷尺寸差距不能太大，比如皇冠六间就不能和卷贝一起混养；其次要注意食性不同的鱼不能混养，比如蝴蝶偏素食，就不能和皇冠六间、虎等肉食性的混养；最后要注意性格凶悍的和温顺的不能混养，比如蓝剑沙、卷贝等比较温和的鱼就不能和强悍的天堂鸟、蝴蝶等混养在一起。

皇冠六间

◆ 七彩神仙鱼的最佳饵料

　　七彩神仙鱼对饵料的营养要求较高，所以饲养过程中一般要自制七彩汉堡喂养。七彩汉堡营养丰富，非常适合七彩神仙鱼的生长需要。而直到几年前，我们对汉堡饲料的认知误区还很严重。将牛心和牛肝作为汉堡饲料的主要原料是很值得商榷的问题，理论上将哺乳动物的内脏作为饲料会导致脂肪摄入过高、某些维生素过量等问题，所以本书建议使用海水鱼肉和虾肉作为主要原料。海水鱼肉、虾肉中的寄生虫一般不适合在淡水鱼体内继续生存，虫卵也不易孵化，所以可以将安全隐患将至最低。但需要注意的是，诸如三文鱼等高脂肪的鱼肉同样不适合作为汉堡饲料的原料。

　　汉堡饲料的具体做法是：海虾去头去壳，海水鱼片下鱼肉部分，加入少量洗净烫熟的蔬菜（以菠菜、胡萝

七彩神仙鱼的汉堡饲料

卜为首选），再加入香蕉与复合维生素等辅料，用搅拌机打成肉泥。香蕉除了富含膳食纤维外，更有黏合剂的作用。混合比例为每 1 千克汉堡饲料中混入半支香蕉和 2 粒复合维生素即可。如果选用的原料含水量比较高，也可以利用一些干燥饵料混入其中吸水，如冷冻干燥的磷虾、冻干红虫等都是不错的选择。它们除了可以吸收多余水分，提供更多营养外，鲜腥的气味也更能吸引野生七彩神仙摄食。如果在汉堡饲料中加入一些薄片饲料或颗粒饲料，将有助于将来投喂干燥饲料。当然，如果嫌麻烦，也可以直接向口碑较好的商家购买，只是绝大部分商家贩卖的汉堡饲料还是以牛心等内脏为主要原料。

那么如何让野生七彩神仙鱼接受汉堡饲料呢？在完成上述制作工作后，预留出 2 周左右投喂量的汉堡饲料，同时化开一些杀菌冰冻红虫，基本控干水分后轻轻将这些红虫捏入汉堡饲料中，最先几天混合比例可以是各 50%，而后将红虫比例降低至 1/3 左右即可。经过之前的投喂，这些七彩神仙鱼已经非常善于接受冰冻红虫了，此时将红虫混入汉堡饲料，它们会主动从汉堡中啄食红虫，慢慢习惯汉堡饲料。基本只需 2 周左右，绝大部分身体状况健康的七彩神仙鱼都可以学会食用汉堡饲料，并越来越喜欢这种富含营养的美食。而汉堡饲料中飘洒出的碎屑会由混养的底栖鱼来帮助解决。

汉堡饲料一般取适量放入食品袋中压成薄饼状后送入冰柜冷冻即可。不建议将未经冰冻处理的汉堡饲料直接投喂，这样可以避免原料中的细菌和寄生虫侵害。一般冰冻 48 小时后就可以放心地投喂了。先从冰柜取出适量汉堡饲料，置于室内自然解冻后投喂。投喂量根据七彩神仙鱼 3 分钟内可以食完的量为标准，成年的野生七彩神仙鱼每日投喂 2 次即可。尽量固定时间投喂，并将 2 次投喂的量做不平衡处理。比如每天需要投喂 20 克汉堡饲料，那么可以分成一次投喂 7 克，另一次投喂 13 克。而每周最好能停食一天或至少一顿，这将更有利于它们的健康成长。

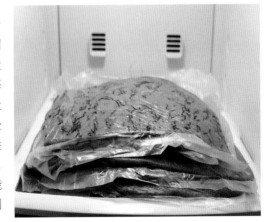

汉堡饲料冷冻品

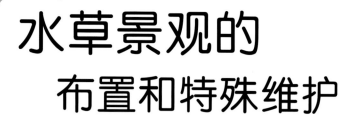

水草景观的
布置和特殊维护

水草景观的布置

◆ 水草缸的基本配置

　　养殖水草最好选用超白玻璃敞口鱼缸，超白玻璃鱼缸透明度高，更有利于观赏。敞口鱼缸有利于造景和日后维护，鱼缸高度应不高于60厘米，鱼缸太深手伸不到底部，不利于翻沙、修剪等日常维护工作。长度长于60厘米的鱼缸则要选择一个结实的实木或板材底柜，底柜的颜色可根据家中的装修进行选择。水草缸需要配备的器材一般有过滤桶、二氧化碳全套设备、增氧设备、照明设备等。灯具可以选择的范围很大，T5灯、PL灯和金属卤灯适合长度为60厘米以上的水族箱，LED灯则适合60厘米以下的水族箱。

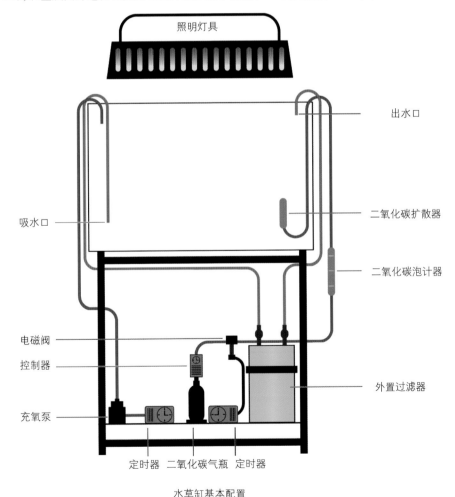

水草缸基本配置

水草缸基本配置表

鱼缸尺寸（厘米）	灯 光			热带鱼数量（3厘米长）	二氧化碳（泡/秒）
	T5 灯或PL 灯	金属卤灯	LED 灯		
30×22×26（17升）	——	——	18W	10尾	0.5
45×30×30（40升）	——	——	27W	15尾	1
60×30×36（65升）	24W×2	70W	36W	20尾	2
60×45×45（121升）	24W×4	150W	72W	40尾	2
90×45×45（182升）	39W×4	150W		60尾	3
100×50×50（250升）	39W×4	150W		80尾	4
120×50×50（300升）	54W×4	150W×2		100尾	4
150×50×50（375升）	80W×4	150W×2		120尾	5

◆ 底肥的添加和铺设底床

底肥也称基肥，是水草在种植或移植前所施用的肥料，主要是供给水草整个生长期中的营养需求，为水草生长发育创造良好的土壤条件，也有改良土质的作用。一般以磷肥和钾肥作为水草的基肥使用。铺基肥有两种方法：一种是先将基肥与一部分底沙混合成基肥沙，铺设缸底，再铺剩余底沙。另一种是先铺一部分底沙，再撒基肥，最后铺剩余底沙。第二种方法在水草造景中常使用。

底床的种类有很多，包括以下几种。

水草泥

水草泥是水草造景中最常见的底床材料，因水草泥富含营养，用水浸泡后水质呈微酸性，用水草泥饲养的水草状态持续良好等优点而被广泛使用。但是水草泥价格较高，不易清洁等。市面常见水草泥的品牌主要有日本 ADA、德国希瑾、日本亚马孙、中国的尼特利等，价格不同，消费者可根据自身情况选择。好的水草泥颗粒紧凑，大小和形状不规则，不易黄水，用几个月之后也不会粉化，肥力足，水草状态优良。

荷兰沙、黑金沙、黑工沙

荷兰沙是二氧化硅成分比较高的沙子，大多在河口沉积并采集，不会释放任何物质，所以比较适合养殖水草。但不是因为产于荷兰而得名荷兰沙，而是因为最早被荷兰爱好者广泛使用而得名。黑金沙是一种产于印度的花岗岩粉末，主要成分是石英、斜长石等，是制作黑玻璃的材料，在光线的照射下能发出黑色晶莹的光辉，所以多被用于养殖水晶虾，因为这样能衬托出水晶虾漂亮的体色。黑工沙是近两年才被使用的沙子，颗粒较大，不易释放不良物质，较容易清洗，有少数水草爱好者喜欢使用。所有沙子在使用过程中都会遇到肥力不足的问题，需要及时追加各种营养液和肥料，以满足水草生长需求。

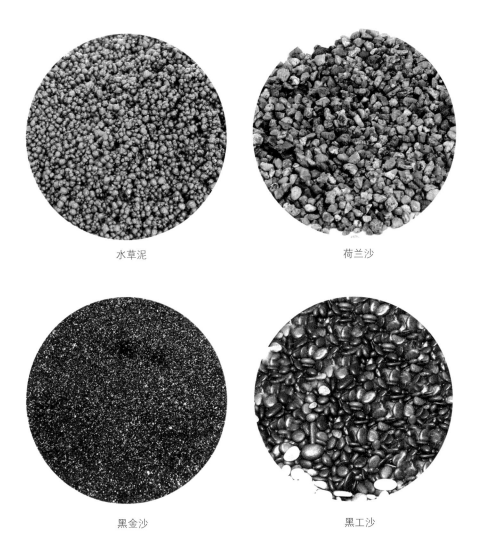

水草泥

荷兰沙

黑金沙

黑工沙

黑陶粒、红陶粒

陶粒由陶土烧制而成，中性，不溶于水，表面布满大量空隙，适合硝化细菌生长，根据颜色不同可以分为黑陶粒和红陶粒。有的爱好者不愿意使用水草泥造景，则可以选择陶粒，优点是好清洁，缺点是肥力不足，需要及时追加各种营养液和肥料。

黑陶粒

红陶粒

◆ 石材和沉木

沉木、杜鹃根

沉木是热带和亚热带木质坚硬的乔木、灌木死后的根系和部分树干在泥沙河流中经过长期浸泡腐朽形成的天然工艺品。沉木遇水后能沉入水底，并且向水中释放单宁酸，是饲养水草和小型鱼的良好材料。现在市面上常见的沉木为马来沉木和杜鹃根。马来沉木产于马来群岛和其他热带沼泽地区，大多呈大块状，容易"黄水"，所以使用前需要用沸水煮和浸泡。杜鹃根枝条很多，容易造型，而且不容易黄水，所以在水族箱造景中颇为流行，但由于其木质不够坚硬，需要提前在水中浸泡多日才可沉入水中，使用时需要特别注意。

马来沉木

杜鹃根

青龙石、木化石、松皮石

　　青龙石是一种硅酸盐矿石，含有碳酸钙成分，呈青灰色，是水草造景中最为常用的石材。青龙石形状特殊，可以堆砌成山峰、丘陵，所以颇受爱好者追捧。木化石的主要成分是硅，不会向水中释放任何物质，颜色偏黄，质地坚硬，比较适合水族箱造景使用。松皮石也称龙骨石，是非常好看的观赏石材，因为造型呈松鳞片状，摆出的造型更为苍劲有力，所以也很受爱好者喜爱。而且松皮石表面有很多小孔，能附着更多硝化细菌，一般不会改变水质，所以非常适合水族箱造景使用。

青龙石　　　　　　　　　　　　　　木化石

松皮石

◆ 水草的选择和处理

在选购水草时应注意：叶状要优良，要看起来有生气、色彩鲜艳的水草。草姿要完整，不要选择叶尖、叶面上有伤痕或已折断的水草。水草要硕壮，要选择根粗、根茎多、有张力的水草。叶柄越短越好，叶柄短的水草在水族箱中的观赏价值高。尽量选择幼苗，叶数多的老株在移植时容易受伤，因此要选择叶数少的幼株。块茎要有叶芽，若干内部组织已坏死的块茎是无法长出叶芽的。不要附有青苔，青苔的繁殖很快，会抑制水草的生长，影响观赏。

水草买回后要放在阴凉处，不宜见光，如果购买时带有塑料篮，则需要去掉用来包装这些水草的塑料篮、铅条以及含有暂时提供养分的泡棉。处理完毕后，不要急于种植，要将水草清洗干净后才可种植。

水草种植前要处理干净

◆ 水草的种植

在种植水草前，先往水族箱中注入少量水，以便容易种植水草。在注水时要注意水流不要直接洒在底沙上，以免将基肥冲出，可以在底沙上放盘子或木板，起到缓冲作用，让水缓缓流入水族箱中。水草按照形态不同大致可以分为4大类，种植方法也各异，包括有茎类水草、丛生类水草、附着性水草、匍匐性水草。

有茎类水草种植

有茎类水草就是茎上长有叶子的水草，其根部及叶片都会吸收养分。它是水草中最常见的一类，也是数量最多的一类。它们的大小相差很大，代表的种类有红蝴蝶等。种植前要清洗干净并消毒处理，如果有烂掉的叶子，要做适当的修剪，把不好的叶子及烂掉的根剪掉，接近根部约2厘米的叶片也应一并剪掉，以免种植时埋入沙里而腐烂。修剪时应使用水草专业剪刀，切忌用手直接拔除。然后用镊子进行种植，尽量埋深一些。种植后将底沙刮平即可。

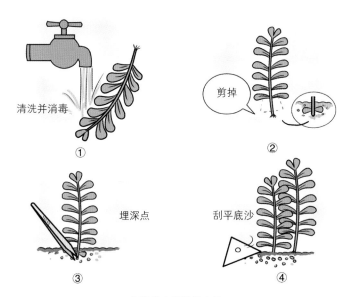

清洗并消毒 ①
剪掉 ②
埋深点 ③
刮平底沙 ④

有茎类水草种植方法

新草死亡原因小贴士

　①水温：大部分的水草生长适温在 20～30℃，水温过高或过低都会使水草出现病态。
　②pH 值：pH 值过高或过低会影响水草的生长，严重时水草会枯萎死亡。
　③光照：光照不适合，水草的生长会受到抑制，红光和蓝光对水草的生长最好。
　④养分：养分不足时，水草也生长不好。
　⑤二氧化碳：二氧化碳缺乏，水草的光合作用无法进行，便无法长期生长。
　⑥硬度：硬度太高，表示水中的钙离子浓度较高，水草长期生活在高钙的环境中，会阻碍水草的生长。
　⑦氧气：氧气不足，水草的呼吸作用受到抑制。

丛生类水草种植

丛生类水草一般根为须状，如铁皇冠等。种植前要将水草清洗干净并消毒，再用水草专用剪刀将根部修剪掉至少 1/3，同时去除腐烂、发黄或者已经枯萎的叶子，甚至可以去掉一些过多的水上叶。处理后用镊子进行种植，主根部应稍微露出沙面，最后把沙子刮平即可。因丛生类水草是依靠根部而不是叶片来吸取营养，故种植完毕后要在周围补充些肥料。

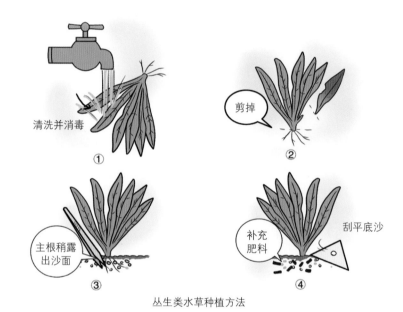

丛生类水草种植方法

附着性水草种植

附着性水草是指在其他东西上附着生长的水草种类，通常是用流木当基材，再将水草用钓鱼线固定在流木上，较常见的有莫丝、小水榕等。附着类水草在种植时要先选取附着物，通常选用沉木、岩石等。先将附着物清洗干净，同时将水草整理并清洗干净，最后将水草用鱼线固定在附着物上就可以了。

匍匐性水草种植

匍匐性水草的根须横向匍匐生长，根须不吸收养分，主要靠叶片吸收养分，可作为前景草使用。此类水草的代表种类有矮珍珠、鹿角苔等。匍匐性水草属于阴性水草，种植较容易，在种植时只用镊子摘取嫩叶部分，一小撮一小撮地埋入沙中，保留一些间隔，如状况良好，很快就能长成一大片。

◆ 水草景观的布置

布景的两个关键点

（1）造景要有焦点

焦点是在任何一个设计里都要有的重要元素，是创造者要表达的重点，一个好的造景设计只有一个焦点，其他的只是衬托。过多的焦点会令人视线不能集中从而突显不出主题的特色。焦点除了木、石以外，还可以是颜色、造景的形态、水草形状和大小比例。因此在设计造景之前应先想清楚主题是什么，先决定了主题，再找齐主题的材料才动手造景会更好。有经验的造景师一般都会在造景前画下草图，确定大体构图和焦点，然后再去寻找造景材料进行造景，事半功倍。

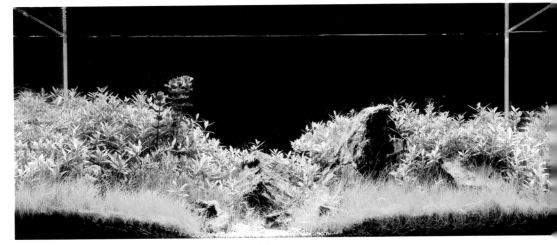

造景示例

造景示例

造景示例

（2）黄金分割点

黄金分割是一个古老的数学方法，黄金分割简单的意义就是追求最完美的比例。黄金分割点即为视觉中心处，也是上述焦点的位置。在水草造景中，构图是影响整个造型的主要因素，通过造景的配置将整个构图配置成黄金比例，是水草布景的诀窍所在。

水草造景开缸步骤

① 将鱼缸清洗干净并擦干，然后放在一个平稳的底柜或缸托上。

② 倒入基肥。

③ 用刮刀将基肥铺平。

④ 倒入水草泥。

⑤ 用刮刀整理水草泥，前面低后面高，后面高的部分不得低于3厘米，否则水草种植起来会比较困难。

⑥ 整理好的底床。

⑦ 在底床上摆放杜鹃根。

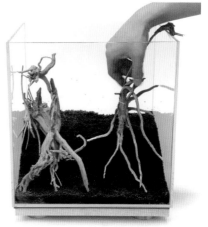

⑧ 摆放杜鹃根让整体造景看起来协调、美观。为了整体景观，杜鹃根可以用连接带拼合在一起。

⑨ 在杜鹃根底部摆放青龙石。

⑩ 青龙石摆满后，再放入一些小杜鹃根调整整体造景形态。

⑪用胶将杜鹃根和青龙石粘在一起，防止杜鹃根漂起来。

⑫ 在造景上喷些水，防止加水后水太混浊。

⑬加入 1/3 水，将水草泥浸湿。水流不可过急，否则会将造景冲坏，要慢慢加水。

⑭ 然后将水抽出，留下非常少量即可。

⑮ 用水草镊子在水草泥中种植迷你矮珍珠。

⑯ 基本要种满迷你矮珍珠。

⑰ 准备种植南美叉柱花之前，把花盆取走。

⑱ 将南美叉柱花的海绵取下。

⑲用水草剪刀将多余的根须剪掉，这样更有利于水草生长。

⑳用水草镊子将南美叉柱花种植在杜鹃根缝隙中。

㉑用水草镊子种植后景草。

㉒用专用胶将三角莫丝粘在杜鹃根上。

㉓ 在适当的位置固定三角莫丝。

㉔ 整体造景基本完成。

㉕ 安装外置过滤器，加水即可。

水草景观的特殊维护

◆ 适合水草生活的环境

水草的最适生长水温为 24 ~ 26℃，大部分可适应 18 ~ 28℃的水温。适宜的水温给水草的生长提供最完美的环境。水体的酸碱度直接影响水草的生长状态，pH 过高或过低对水草的生长均有影响。大部分水草适应弱酸、中性及弱碱的环境，因此在养殖水草时要对水质进行定期检测，保持酸碱度的稳定。二氧化碳是水草进行光合作用必不可少的气体，当水体中缺少二氧化碳时，因为碳酸氢钙具有缓冲性，一部分碳酸氢钙就会释放二氧化碳，同时生成碳酸钙，所以当水族箱的内壁上出现白色的石灰质时，就说明水体中缺少二氧化碳，应及时补充。

◆ 水草养护

光照

水草的光合作用以蓝色光和红色光最有效，不同的水草需要的光照强度是不同的。各种水草需要的光照强度在水草品种中都有介绍，要根据对光照的需求选择适合水草生长的灯。灯管在使用时，光度会随时间渐渐衰退，故建议使用 4 个月后更换。更换时不宜一次性全部更新灯管，应逐一替换，最好每周更换一支灯管，使水草渐渐适应新光源。

换水

换水时，用洗沙器将底沙中的粪便和杂质吸出，每周换水一次，换水量以 1/4 ~ 1/3 为宜，然后将晾晒后的水慢慢地注入水族箱，注水时要缓慢，最好底沙上加个木板或吃饭的盘子，以免毁坏水族箱的布局。

肥料和水质添加剂

为了使水草生长良好，在养殖过程中添加肥料是必需的，常见的肥料有以下几种。

（1）基肥

基肥在水草种植部分已经有所介绍，需要在水草种植时添加，可慢慢释放营养，时效一般为 1 年以上。

（2）液肥

液肥是一种液体肥料，是将有机肥料或化学肥料与水混合制成的，是能直接添加于水中的肥料。性能良好的液肥必须富含水草所需的各种有机养分，并且各种养分的比例适当，在水中能够保持长期有效。叶肥的配方要依据水族箱生态中的养分循环状况来设定和制作。缸体的大小不同，添加液肥的量也不同，一般每星期添加一次，使用时在 100 升水中添加 25 毫升液肥。

（3）根肥

虽然在种植水草时已经铺设了基肥，但时间长了基肥会慢慢消耗，养分不足以满足水草的正常生长，此时就要适当补充底层肥料即根肥。根肥是一种高浓缩性和长效性肥料，使用根肥时要注意肥料离根部要有一定的距离，一般以 2 ～ 3 厘米为好，过于接近根部会引起水草根腐烂。施用时间一般为一个月施用一次。

（4）铁肥

铁肥是一种具有铁标明量，以提供植物养分为主要功效的肥料。水草叶片中存在着大量的铁，铁是形成植物叶绿素的必要元素之一，尤其是红色系水草最容易缺铁。北方大部分地区水中含铁量低，因此水草造景缸很容易缺铁，需要定时补充。

（5）微肥

微肥是微量元素肥料的简称，含有水草所需的各种微量元素，可用来配成多元复合肥料。微肥是依据水体情况进行添加的、不定期、不定量的肥料。在养殖水草的过程中要定期检测并添加水中的微量元素，使其添加浓度保持在 0.1 ～ 0.3 毫克 / 升，以维持稳定的生态环境。

修剪

不同的水草在水族箱中的生长速度是不同的，为了使水族箱的造景不被破坏而影响效果，需要定期对水族箱中的水草进行修剪。在修剪水草时不能用手掐断水草，否则会造成水草因受伤而腐烂，应该用专用的水草剪刀修剪水草，这样才会使切口平整，对水草的伤害也会降低。根据水族箱的布景，前景草要矮小，中景草要整齐、壮实，后景草要高大。应根据水草的种类进行修剪，不同类的水草修剪的方法也不相同。如有茎类水草在生长状态下进行剪枝使其分支的茎斜向生长，在修剪时将水草一株株地

基肥

液肥

沿根拔起，用水草剪从根部将水草剪成想要的长度，再用镊子重新栽种好。

二氧化碳的添加

二氧化碳是水草缸中必不可少的气体，二氧化碳添加量少，水草的光合作用就会减弱，影响水草的生长，二氧化碳添加过量，就会使水中的氧气量减少，影响鱼儿的呼吸。因此二氧化碳的添加量是极其重要的，一般水族箱中二氧化碳的浓度以 5 ~ 15 毫克 / 升为好，浓度超过 200 毫克 / 升时，水草就会死亡。"水草缸基本配置表"中已介绍二氧化碳添加具体数量。

水质的检测

种养水草需不定期检测水质，可有效地了解水草的状况，尤其是缸中水草及热带鱼状况有异常时，必须立即检测水质，以寻求解决方法。

◆ 水草病害

绒毛藻

绒毛藻呈刷子状，有绿色、褐色、灰色、黑色等，通常会长在石头、沉木或是老叶子的叶缘，也会自由漂浮在水中。绒毛藻最主要发生原因是水体富营养化，此外，水中氨、氮过高也是重要诱因。在人为操作上，饲料投放太多而沉淀在底床上、不常换水、光照充足但二氧化碳量不足等都容易滋生绒毛藻。此藻发生后，可用手或其他工具拔除附于沉木及石头上的藻类，将被附着的叶子剪去，再放入大和沼虾、黑壳虾、黑线飞狐、小精灵、异形等食藻类的鱼虾，帮助除去剩下的绒毛藻。

绒毛藻

发藻

发藻常常附着于成长慢速的水草、底床或沉木上，多呈灰绿色，摸起来滑滑黏黏的。一般情况下，光照强度过强、水中营养元素过剩均是发藻爆发的主要原因。发现发藻可以用牙刷或筷子将其卷除，少量剩余部分可以使用黑线飞狐、小猴飞狐、一眉道人、黑壳虾和大和沼虾等食藻鱼虾吃掉。此外，每40升水加5毫升浓度2%的戊二醛，每天水中添加一次，也可清除发藻。

发藻

绿水

绿水一般是由于小球藻过多，使整个水体呈现绿色，通常由于强光、不稳定的二氧化碳和氨、氮浓度过高引起。一般使用紫外线杀菌灯有特效，每天晚上开6～10个小时，连续使用3～5天即可去除。此外，常换水和加强过滤对绿水也有预防作用。

绿水

刚毛藻

　　刚毛藻是丝状、绿色的分枝状藻类，摸起来不会有滑腻的感觉，但又硬又细。刚毛藻主要生长在直接受阳光照射的石头和沉木上，严重时也会生长在水草表面。刚毛藻是由于光照和二氧化碳之间的不平衡引起，一般集中在某个地方生长，很容易清除。剩余少量可以通过减弱光照和增加二氧化碳去除。

刚毛藻

丝藻

　　丝藻很容易和发藻混淆，丝藻通常长在叶片的边缘，长度可达30厘米，多为细丝状，有时候丝藻会和发藻纠缠在一起，很难分辨。一般丝藻比发藻坚韧，长度也要长得多。大和沼虾、一眉道人和大量黑壳虾可以吃食丝藻，效果不错。

丝藻

墨渍藻

墨渍藻大多生长在榕类水草的老叶子上，像墨渍一样紧紧贴在叶子上，很难擦除。这一般是由于二氧化碳的缺乏和磷酸盐含量过高引起。处理方法是在添加二氧化碳的同时，在水体放入小精灵、胡子等生物。

黑毛藻

黑毛藻是红藻的一种，常常一簇一簇地出现在水草叶子边缘及叶尖上，每一簇均呈放射状，无分叉，颜色为黑色或蓝黑色。黑毛藻一般是由于二氧化碳供应不稳定或水体硬度过高引起。黑线飞狐比较喜欢吃刚长出来的黑毛藻，可在水族箱中放养一些。如果黑毛藻长大比较坚硬，则可用每 40 升水中加入 5 毫升 2% 戊二醛喷射治疗。

墨渍藻

黑毛藻

绿尘藻

　　绿尘藻是形成一层灰尘状的绿色黏膜覆盖在缸壁、石头、细化器等表面，非常难以清除，一般是使用刮刀刮掉，或使用工具鱼如胡子等吃干净。绿尘藻喜欢强光，即使清除干净，如果遇到强光还会再次爆发。所以避免强光和保持水质清洁是避免绿尘藻发生的有效措施。

绿尘藻

水草缸里常见的清藻工具虾螺和工具鱼

水晶虾

黑壳虾

蓝丝绒

琉璃虾

胡子

洋葱螺

水草病害处理的水处理剂

除蜗牛剂

除藻剂

净水剂

我想繁殖热带鱼

饲养了一段时间的热带鱼以后，很多人都有这样的想法："如果能自行繁殖出美丽的热带鱼该有多好。"其实热带鱼繁殖并没有想象中的那么难，以下介绍几种有趣的热带鱼繁殖方式。

几种有趣的繁殖方式

◆ 卵胎生型

卵胎生型是繁殖较容易的一类，典型的代表就是孔雀鱼。卵胎生是指鱼卵在鱼体内受精、体内发育的一种繁殖方式。相对于卵生而言，由于卵胎生的受精卵在母体中发育，母体对小鱼能起到保护和孵化作用，因此对人工繁育的难度要求要小一些。常见的卵胎生鱼包括孔雀鱼、黑玛丽、红剑、月光鱼等。

卵胎生幼鱼经 3～4 个月饲养便进入成熟期，可以繁殖后代，性成熟的迟早与水温高低、饲养条件密切相关。卵胎生鱼繁殖时要选择一个较大的水族箱，水温保持在26℃，pH6.8~7.4，同时要多种些水草，然后按 1 雄配 4 雌的比例放入种鱼。待鱼发情后，雌鱼腹部逐渐膨大，出现黑色胎斑；雄鱼此时不断追逐雌鱼，雄鱼的交接器插入雌鱼的泄殖孔时排出精子，进行体内受精。当雌鱼胎斑变得大而黑、肛门突出时，可将其捞入另一水族箱内待产。雌鱼产仔后要立即将其捞出，以免其吃掉仔鱼。或可购买繁殖盒放入水中，将产仔的雌鱼放在繁殖盒中，使仔鱼产出后从缝隙进入繁殖盒下一层，雌鱼就吃不到仔鱼了。卵胎生鱼每月产仔一次，视雌鱼大小，每次可产 10～80 尾仔鱼，一年产仔量非常大。仔鱼出生后要专门放到一个小型水族箱里精心饲养。刚开始可以喂食丰年虾或碾碎的颗粒饲料，长大后即可正常投喂人工饲料。

卵胎生型孔雀鱼母鱼能直接生出小鱼

◆ 口孵型

口孵繁殖是鱼类特殊的繁殖方式。这种繁殖方式是雌鱼排卵后，雄鱼很快受精，然后雌鱼迅速将受精卵含在嘴里，受精卵在雌鱼嘴里发育至吸收完卵黄囊能独立游动后，雌鱼才张开嘴巴将仔鱼吐出。口孵型繁殖的鱼类共同的特点是具有硕大的口腔，而且大多数是下兜齿。这是为了能含更多的卵。龙鱼属于口孵型繁殖，但因龙鱼对繁殖条件要求非常苛刻，所以很难在中国繁殖成功，目前只有在东南亚有大量繁殖龙鱼。家养热带鱼口孵型繁殖最常见的是非洲慈鲷类。

口卵型的龙鱼嘴里含着很多小鱼

◆ 卵生型

除以上两种繁殖方式外，大多数热带鱼均是以卵生的方式繁殖。卵生型繁殖是指鱼类将卵产至体外，胚胎发育在体外进行，且胚胎发育过程中完全依靠卵内营养物质的一种繁殖方式。因为卵生型繁殖最为普遍，过程也最为复杂，所以下文将详细介绍。

卵生型鱼的繁殖技巧

◆ 关于种鱼

如果水族箱中出现配对并产卵的种鱼是最好不过了，如果没有，就只能去市场挑选种鱼了。种鱼挑选最重要的就是健康，其次是要性成熟。建议用 1 ～ 2 岁的亲鱼来进行繁殖最好，因为这种亲鱼产卵量、品质以及受精等情况均较好，繁殖的小鱼健壮度和优良率也较高。选好种鱼后，经过一段时间饲养和适应环境，就可以在水族箱中顺利配对繁殖了。

繁殖过程最关键的步骤是分辨雌雄热带鱼。热带鱼的性别一般从其外表形态即可分辨。在繁殖期间，雌雄热带鱼差异最为明显，比较容易区分，但在非繁殖季节雌雄差异较小，比较难以区分。在同一品种中，同龄鱼的雌雄鱼有一定的区别特征，具体区别特征如下。

当然，除了外观的辨别之外，行为观察也非常重要。在产卵的前夕，雌鱼会分泌出一种吸引雄鱼的荷尔蒙，雄鱼受气味的吸引，游动变得异常活泼，甚至是顶着雌鱼生殖孔狂追。

雌雄鱼的区别特征

部位	雄鱼	雌鱼
嘴	嘴唇较厚	比较小巧
体型	体型较硕大，较美丽	体型较小
背鳍、尾鳍、腹鳍	背鳍高耸，尾鳍腹鳍宽大	各鳍较窄小
泄殖孔	比较尖	比较扁平
体色	一般蓝色系的雄鱼颜色比较美	红色系的雌鱼比较鲜艳
性格	多数雄鱼比较主动，喜欢追逐雌鱼	雌鱼比较文静被动
鳍条	较长	较短

◆ 器具的准备

　　准备一个小的水族箱，规格为 45 厘米 ×30 厘米 ×45 厘米（长 × 宽 × 高）。如果亲鱼体型较大，则需要设置大一些的水族箱。繁殖用的水族箱里通常采用生化棉过滤器（水妖精）维持水质，既可起过滤作用，又能保证水中有充足氧气，非常实用。准备繁殖前，要把生化棉过滤器提前放入缸中一个星期不停运转，以培养硝化细菌。使用前将水族箱中的所有器具消毒干净后再使用，用 5 毫克 / 升的高锰酸钾溶液浸泡消毒器具半小时，然后清洗干净即可。恒温装置也是必不可少的，一般采用加热棒为水体增温，水温要保持在 28 ~ 30℃。还要准备一个温度计，以监测水温是否保持恒定。照明设备可以不准备，日光即可，如果屋里光线太暗，则需要配置一个 20 瓦的管灯为水族箱照明。

　　一般来说，热带鱼的繁殖巢采用产卵筒（紫砂筒）、陶罐、产卵

产卵用陶罐

板或尼龙草，如果种鱼较大，可以选择大一点的繁殖巢，种鱼较小则选择小一点的。产卵板一般采用塑料板、玻璃板或瓦片，放置角度对鱼的产卵也有一定的影响。如果产卵板的倾斜度过大，热带鱼是不愿意把卵产在上面的，因为它们害怕这样的产卵巢会使卵滑落，但如果倾斜度过小，对繁殖也有一定的影响。因此在放置产卵板时，要调整适当的角度，一般以45°的倾斜角度较好。

◆ 产卵

亲鱼在临产卵前的表现为：开始摇头、相互摆尾、雄鱼会不断地追逐雌鱼或用头部挤擦雌鱼生殖孔，当2尾鱼"情投意合"，就会不停地用嘴清洁产卵筒或产卵板等繁殖巢。雌鱼的输卵管和雄鱼的输精管凸出约30分钟后（第一次产卵前表现的时间要长一些），雌鱼沿着产卵筒或产卵板自下而上地开始产卵，随后雄鱼同样沿着产下的卵进行射精（又称"点精"），有的雄鱼还会重复进行，射精的全过程约60分钟。产卵受精完毕后，亲鱼便会专心致志地守候在繁殖巢边上"护卵"，有时雌雄鱼轮流护卵，有时是2尾亲鱼一起护卵。亲鱼还会不断地扇动胸鳍，借此增加鱼卵附近的水流，以达到为受精卵增氧的目的。当然，根据习性不同，有的亲鱼也会选择在尼龙草或水草上产卵受精。

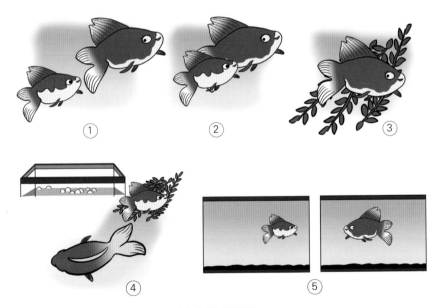

亲鱼产卵受精过程

◆ 孵化

亲鱼产卵受精后，应将产卵巢移出原水族箱，放到另外一个繁殖水族箱中，且不停地为受精卵打氧气，数日后受精卵完成胚胎发育，长成小鱼苗，破膜而出。

受精卵孵化术语称"胚胎发育"，用显微镜或解剖镜就可以观察到受精卵的发育过程，胚胎发育过程图即是镜下观察到的受精卵发育过程。

在繁殖过程中往往会遇到鱼卵未受精，变白、发霉或全被亲鱼吃掉的情况。鱼卵不能受精原因很多，主要包括以下几个方面：首先，亲鱼不"情投意合"容易导致不受精。其次，一般同一窝鱼雄鱼要 14 个月成熟，而雌鱼 9 个月即成熟，如果雄鱼不够成熟也容易导致不受精。第三，雌雄鱼无经验也有可能不能受精，有时候要合作数次

鱼卵孵化过程

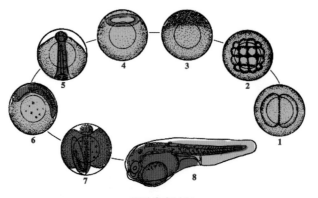

胚胎发育过程

才能成功孵化幼鱼，这种情况就要耐心些，要注意观察亲鱼，看是否有良好的协调配合等。如果连续3次产卵不能完全受精，那就要重新配对。第四，如果发现亲鱼不活跃，有可能肠内有寄生虫，可采用驱虫药驱虫3天，观察情形如何，因为配对良好的一对鱼，肠内有寄生虫时也会影响其繁殖能力。第五，水质不合适也会影响繁殖，如pH值太高、氨氮过高都不行，测试后如发现问题要及时采取措施，如换水或加入酸制剂等。第六，如有先天性缺陷，繁殖者曾给鱼吃过绝育的药等都会影响受精。另外，如果亲鱼受到惊吓或干扰、灯光太强、繁殖巢不适合、水流过急等，都会影响鱼卵的受精。

鱼苗培育

◆ 鱼苗的养殖器具

孵化出来的鱼苗可以用一个60厘米×45厘米×45厘米（长×宽×高）的水族箱饲养，当然也要根据鱼苗数量决定，如果太少或太多，则要调整水族箱大小。箱中再设置一个过滤器和增氧设备。这里推荐使用生化棉过滤器（水妖精），使用之前用5毫克/升的高锰酸钾溶液浸泡器具半小时消毒。水最好提前养好，先加入部分原孵化水族箱的水，水深大约20厘米即可，然

鱼苗

后加入自来水，提前开启过滤器运行5～7天，待水质成熟后即可放入鱼苗。这时也要准备好晾晒后的自来水换水备用，温度最好高些，以免太凉的水换入后造成温差过大刺激鱼苗。此外，水族箱最好设置在阳台或光线好的地方，对鱼苗的成长发育有好处，虽然水族箱会因为光线比较充足而长出青苔及藻类影响美观，但这些天然的青苔却是鱼苗最好的食物，对促进消化和表现色彩都很有帮助。如果将水族箱设在室内，则要在水族箱上增加照明灯具，让鱼苗接受光线的照射，体色才不会变淡。

◆ 换水的方法

换水这个步骤是鱼苗养殖的成败关键。养殖替用水一定要事先处理好，自来水提前晾晒2天或添加除氯剂处理后方可使用。鱼苗开始喂食后，每天早晚各换1次水，

每次换水量为总水体的 1/2，换水时仔细清理箱底的粪便和残饵。因鱼苗很小又很多，因此要用直径最小的吸管吸水换水，以防止吸到鱼或伤到鱼。注入新水时，注意不要过快，以免水质急速变化对鱼苗造成冲击，因为鱼苗对水质变化非常敏感。如果不着急，最好采用滴入方式加水。经常换水，对刺激鱼苗食欲、增强新陈代谢都有很好的效果，还可有效降低疾病的发生。

◆ 鱼苗饵料及其投喂方法

鱼苗一般要喂食自行孵化的丰年虾。丰年虾不容易得到，但却是鱼苗最好的食物，具有干净卫生、不易破坏水质等优点。丰年虾可以选购正规厂家生产的冷冻丰年虾，也可以购买市场上的丰年虾干燥卵，按照本书前面介绍的方法孵化即可。

鱼苗孵出 1 个月内以刚刚孵化的活的丰年虾为主要食物最好，1 个月后便可喂食冷冻红虫了。2 月龄的鱼苗就可以完全吃成鱼的饲料了，如冷冻红虫、人工饵料等。

小贴士

七彩神仙鱼的"另类"哺乳法

七彩神仙鱼有一个很吸引人的地方就是它会自己带孩子。雌雄七彩神仙鱼的身体都能分泌出一些分泌物，刚孵出的小鱼就是以这些分泌物为食。所以我们经常看到成群的小鱼围绕在大鱼身边的温馨画面。七彩神仙鱼产卵后 55 小时左右便孵化出仔鱼，这时的亲鱼在仔鱼的刺激下有分泌"奶汁"的表现，雌雄鱼都不停地用嘴把游走的仔鱼吸到产卵筒上，或者吸到它认为安全的地方集中起来，并轮流不停地扇动水流，替仔鱼换气。就这样再经过 70 个小时左右，仔鱼开始三五成群地游到亲鱼身上（俗称"起游"），吸食亲鱼身上分泌的体表黏液（俗称"乳汁"）。这期间要注意换水，每天要换 1/3 的新水，并逐天加大换水量至 1/2。仔鱼"吸奶"可达 5～7 天，7 天后亲鱼的乳汁已经不能满足仔鱼的营养需要，这时就可以从亲鱼身边移走仔鱼，单独喂食丰年虾（俗称"脱身"）。

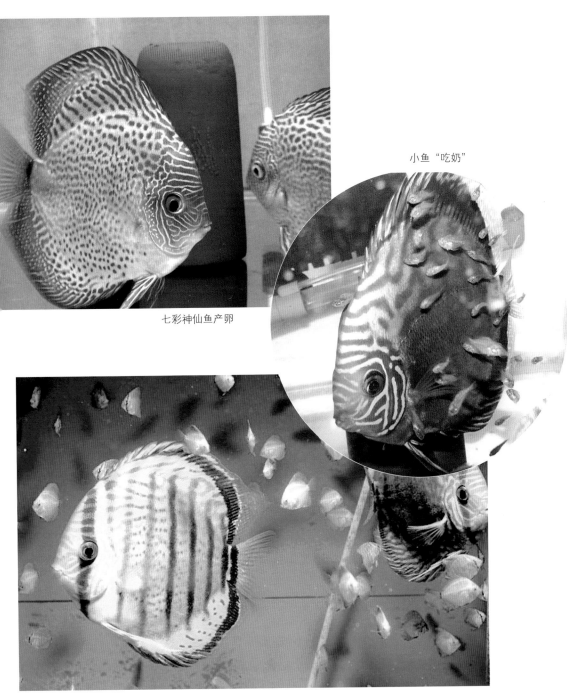

小鱼"吃奶"

七彩神仙鱼产卵

小鱼"脱身"

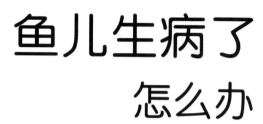

鱼儿生病了
怎么办

疾病的早期发现

对于热带鱼的疾病，要做到早发现、早治疗，才能有效提高热带鱼疾病的治愈率。这就要求饲养者在饲养过程中，每天都要密切注意水质，热带鱼身体各部位的变化、游姿等情况，发现问题就要尽快诊断、及早治疗，以防不测。

◆ 观测水体

要每天观察水体，如发现水质混浊、出现大量异物、水体突然变颜色等，就要引起注意。水质恶化往往会引起疾病。

◆ 检查鱼体各部位

观察热带鱼体表黏液分泌是否正常、鳞片有无光泽、鳞片基部是否出血等。如果体表黏液分泌不正常，出现白点、溃烂或寄生虫；鳞片无光泽，基部出血；鳍部有缺损等，则说明疾病即将发生。观察热带鱼是否消瘦，鱼体脊柱是否弯曲，若出现这些现象可能是营养不良的表现。观察热带鱼腹部是否下垂，如果下垂有可能是肠炎所致。观察热带鱼的眼球有无异常，若鱼眼表面覆盖有一层白色薄膜说明已经发病。观察热带鱼鱼鳃张合是否正常，鳃盖形状是否变形，鳃部有无寄生虫附着等。

观察体表是否溃烂或鳍出现破损

观察体表是否出现寄生虫

◆ 观察游泳姿势

健康的鱼游动自如，健壮有力，如果总是躲在水族箱的一角，用身体摩擦水族箱底部或箱壁，说明鱼体可能附着寄生虫。如果倒立游泳，说明此鱼鱼鳔出现了问题。如果热带鱼沉在水族箱底部不动或者异常活跃，则有可能是寄生虫或细菌感染，要及早治疗。

观察是否在缸的一角不动

◆ **观察食欲**

　　热带鱼生病后食欲会大减。如果发现鱼不喜欢吃食或者比平时吃得少，这可能是由多种原因引起，但首先要考虑疾病这一原因，因为患病往往是造成热带鱼食欲大减的最常见因素。

◆ **检查粪便**

　　如果热带鱼出现拖着白色粪便的现象或水族箱内出现浮在水体表面的粪便，说明热带鱼的肠道可能有问题。热带鱼正常的粪便应是黑色的，能沉积在水族箱底部，是会断裂、能够用吸管吸出来的。

观察是否拖白便

疾病诊断

◆ 急性病还是慢性病

热带鱼在几个小时或一天之内就显现出病症，大部分表现出来的并非是体表特征，而是行动上的异常，这些情况说明热带鱼所患的是急性病。急性病通常表明热带鱼的生活环境特别是水质出现了问题，比如水体中氮含量高、缺氧、外部有毒物质进入等。

如果热带鱼疾病的症状慢慢表现，经过很长一段时间才显现出来，产生的症状也是越来越严重或者造成的死亡率逐渐增加，说明这是慢性病。慢性病一般只造成一尾或一个品种热带鱼生病，其他则不受影响。热带鱼的慢性病要根据具体情况分别加以诊断。

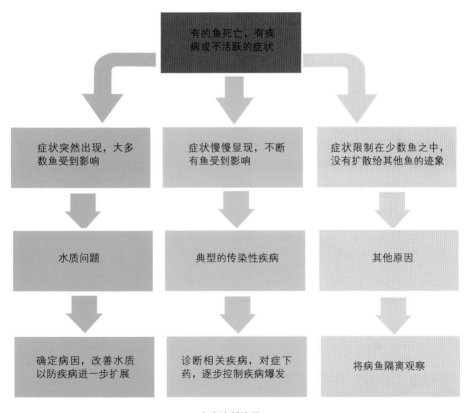

疾病诊断流程

◆ 作出诊断

对热带鱼疾病作出诊断，包括最初对鱼的症状以及死亡情况的观察，对当前疾病生存环境的检查，与之前环境做对比，以及问题是长期或短期等综合且理性地作出诊断。初始诊断后，再依据热带鱼常见疾病的具体症状做细致判断，比如体表出现白点就可诊断为白点病。

分析鱼病发生原因及预防

◆ 疾病发生原因

平日注意观察，发现病鱼并作出诊断后，就要追究其病因，然后针对病因加以改善，以防疾病恶化或其他鱼再生病，所以分析病因显得尤为重要。通常情况下，热带鱼疾病的发生包括内在原因和外在原因。内在原因是由于先天的遗传基因、后天的成长发育状况、年龄、雌雄、机体结构、内分泌等不同，其免疫力也有很大差异。一般个体小、年龄小、生活环境差、营养吸收不好的热带鱼抵抗能力较差，容易患病，相反则会强一些。外在原因包括生物因素、环境因素和人为因素，是疾病发生的重要因素。通常情况下，

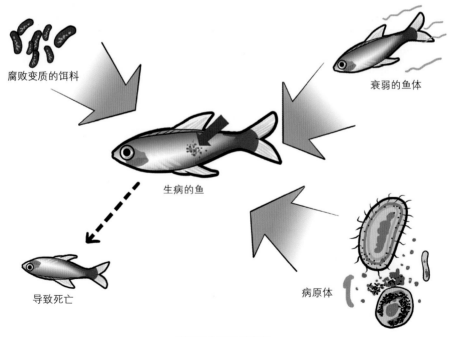

腐败变质的饵料

衰弱的鱼体

生病的鱼

导致死亡

病原体

疾病发生原因示意图

在环境不适、鱼体衰弱、抵抗力下降、水体内有致病病原体存在或人为操作不当等因素共同作用下，热带鱼就很容易患病。

生物因素

生物因素包括寄生虫、细菌、霉菌、病毒、藻类等各种微生物，统称为致病病原体。致病病原体存在于养殖水体中，当鱼体抵抗力下降，再加上其他因素的共同作用，就会更加猛烈地侵袭鱼体，使热带鱼患病。

环境因素

环境因素指的是养殖热带鱼水体的水质，如水温、溶解氧、酸碱度、硬度等，当这些物理因素的指标达不到热带鱼正常生长要求时，就会大大增加热带鱼患病的概率。

人为因素

人为因素是指人们在养殖过程中，因饲养密度过大、混养错误、水质太差、饵料不新鲜、捕捞不当等人为原因造成热带鱼的发病，这需要在养殖过程中多加注意。

总之，使热带鱼致病的原因是错综复杂、相互关联的，其中内因（鱼儿抵抗力下降）是关键因素，外因是辅助因素。外因的不同，热带鱼就会表现出不同的病症，需要仔细分析并且注意预防。

◆ 鱼病预防

分析鱼病发生原因并积极预防，对避免病情加重或造成其他热带鱼生病是非常重要的。下面介绍一些在养殖热带鱼过程中常用的疾病预防措施。

新鱼消毒

新购入的热带鱼可能会带有一些细菌和寄生虫，如不及时除去，会传染给其他健康的鱼。因此，新鱼要经过药浴隔离后才能放入养殖水体中，具体方法是：用 0.3% 的粗盐水进行药浴 5 ~ 10 分钟。药浴时要随时观察热带鱼的状态，如有浮头、呼吸困难、窒息、失去平衡、休克等现象，应立即停止药浴，并将鱼放进单独的水族箱中。

器具消毒

凡是养鱼使用的工具，如抄网、洗沙器、过滤器等都需要定期清洗、消毒、晾晒，最简单的方法是用开水烫，或在日光下暴晒。注意养殖工具的清洁，也是避免疾病传播和发生的重要手段。

水体定期消毒

经过一段时间饲养后，养殖热带鱼的水体会积累很多有机物及悬浮物颗粒，造成水质恶化，病原体增加。所以水体应定期用粗盐消毒，加入粗盐使水体浓度为 2% 即可。

饵料卫生

鲜活饵料要反复清洗，洗去杂质，保证新鲜。有条件的话，最好进行紫外线杀菌处理，然后进行冷冻处理后投喂。人工饵料要放置于干燥通风处储存，以防发霉变质。

投喂饵料也不宜一次性投喂过多，少喂多餐要切记。

换水和清洗过滤器

要经常留意水质的变化，热带鱼的饵料残渣和排泄物都是水质污染的主要污染源。饵料残渣和热带鱼排泄物分解后产生有毒的氨，经过水中或者过滤器中的硝化细菌分解后，毒性变弱。但即使是毒性弱的物质如积聚过多，对热带鱼也会产生不良的影响，有时会引发疾病，甚至导致热带鱼大量死亡。要避免水质污染，定期换水以及清洗过滤器都是不容懈怠的工作。

鱼病治疗方法

◆ 治疗具体方法

药浴法

药浴是治疗鱼病最常用的方法，即将病鱼放入一定浓度的药水中浸泡，以达到治疗的目的。药浴通常有两种操作方式：一种是在原水族箱中直接加入一定浓度的药物，使病鱼长期浸泡其中，这种方式主要在多数热带鱼患病或预防时使用。另一种是将病鱼捞出放入医疗水族箱中短时间浸泡治疗。

内服药饵法

这种治疗方法是将药物拌入饵料中投喂，主要用于治疗热带鱼的内脏感染及寄生虫病。如果用人工饵料投喂，可以将饵料碾碎，拌入药物，然后加水将饵料和成泥状，再分成适合于鱼嘴吞咽的颗粒，经晒干即可。如果投喂红虫等天然饵料，则把药物加入红虫中即可。内服药饵的实际投药量的计算，一般是以投药标准量乘以鱼体总重量。最好选择在热带鱼空腹时投喂药饵，这样效果较好。比较好的方法是在投喂药饵的前一天停止投喂饵料一天，让热带鱼有了饥饿感后再投喂药饵，将有很好的效果。一般以一次投足一天的药饵量，且热带鱼在半小时内吃完比较好。对于投喂天数，如果病情不严重，可以连续投喂 3 ~ 5 天，病情好转了就停喂；如果病情不见好转，则停止投喂药饵 1 天，隔天再继续投喂，连续 3 ~ 5 天，直到病情好转。如果热带鱼失去摄食能力，一般饵料都很难进食，更何况药物饵料，此时要采取其他方法进行救治。

注射法

注射法是对病鱼的腹腔或肌肉直接注射药物。此法适用于药浴治疗和口服药物均无法奏效的疾病，如比较严重的疾病和外用药物很难治疗的疾病等。腹腔注射的进针方法有两：一种是从腹鳍内侧基部斜向胸鳍方向进针，这是最为常见和比较稳妥的注射方法，其注射深度和所用注射针头视鱼体的大小而定。另一种是从腹鳍和侧线的中部偏上方进针。不管采用哪种方法注射，注射前都应先熟悉被注射鱼的内脏等器官的位置，以免注射时伤及内脏，达不到预期效果，甚至适得其反。肌内注射是在背鳍前与侧线基部，即鱼体尾柄部位，与鱼体呈 30°～40°角，向头部方向进针注入。注射深度依据鱼体大小而定，以不达到脊椎为宜，所用药物应选择对肌肉组织无刺激、无影响的。

局部处理法

局部处理主要有体表寄生虫摘除、身体局部外伤感染涂药等。此法主要用于清除热带鱼体表寄生虫和外伤的治疗。用棉签蘸上药液或药膏直接涂抹伤部，然后用凡士林涂抹固定药液和药膏即可。此法对于局部外伤感染的治疗非常有针对性，效果良好。

准备黄粉

棉签和甲硝唑，将甲硝唑压成粉末

血鹦鹉头洞明显

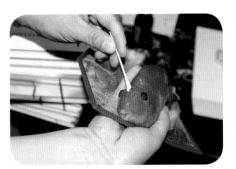

用棉签清理干净

清理干净后的头洞

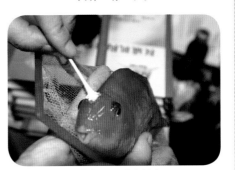

加黄粉和甲硝唑粉末

血鹦鹉头洞病局部处理法

◆ 使用药物的注意事项

　　使用药物时，必须对药物进行充分的了解。因为每种药品的性能、用量和使用时间各有不同，如果药量搞错或误用治疗方法，就会因用药不当而引起鱼体内脏功能的失调。进行药浴时，因受水温、pH 值及外界环境的影响，药力会增强或减弱。因此要根据具体情况选择用药量，比如药力在水温高的情况下会有所增强，所以如果水温较高，用药量可以适当减少。

　　投喂药饵前要停食一天，让热带鱼处于饥饿状态，这样有利于其摄食添加有药物的饵料。在治疗期间及刚治愈时，不宜对原水体进行大量换水或捕捞工作，以免刺激热带鱼，引起应激反应，造成病情加重或引起复发。治疗鱼病时，不能单独使用同一种药物，应与具有相同疗效的药品交替使用，以免使病原体对某种药产生抗药性。

药物浓度及用药量计算小贴士

　　药物浓度通常是指药物溶于水后，单位水体所含药物的量，最常用的表示单位是毫克／升，其含义是单位水体含药物量为百万分之几。其他常用的单位还有百分比（%）和千分比（‰），即药物在溶液中的比例，一般是重量比。

　　用药量的计算公式为：用药量＝养殖水体体积 × 应使用的药物浓度

　　养殖水体体积的计算公式为：水体体积（米³）＝水族箱长（米）× 水族箱宽（米）× 水深（米）

　　单位换算：1 米³（水）= 1000 升（水），1 克 = 1000 毫克。

◆ 医疗水族箱的设置

　　可以单独设置一个规格为 60 厘米 ×40 厘米 ×40 厘米（长 × 宽 × 高）的医疗水族箱，具体规格要根据热带鱼大小而定，以鱼能活动开为标准。一旦有热带鱼生病就可以移入该水族箱，既隔离病鱼，防止疾病的传播，又可以施药防治病害。水族箱使用之前要用 5 毫克／升的高锰酸钾溶液消毒，每次使用之后也同样要用高锰酸钾溶液消毒，而且要对过滤材料进行清洗和消毒。医疗水族箱要设置一个过滤器和一个增氧设备，推荐使用生化棉过滤器（水妖精），可同时满足增氧和过滤需求，非常方便。

　　医疗水族箱每次需要放鱼之前，一定要提前把水养好。为了较快地把水养好，可以加入硝化细菌制剂辅助。开启过滤器至少 2 天，等水质养好后才可放入病鱼。同时准备一个加热棒和一支温度计，以保持水温恒定。

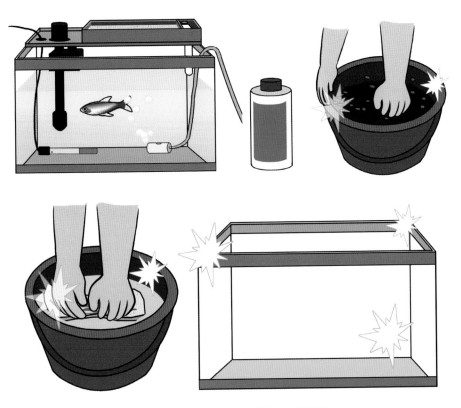

清洗消毒医疗水族箱箱体和过滤材料

常见鱼病及其防治

◆ 霉菌类疾病

水霉病

症状：水霉病又称白毛病、肤霉病。病鱼身体或鳍条上有灰白色如絮状的菌丝，严重时菌丝厚密，有时菌丝着生处有伤口或溃疡出现。病鱼游动迟缓，食欲减退，直至死亡。鱼卵出现水霉病时，在卵表面覆盖一层白色絮状的菌丝。

病因：水霉病一般由水霉菌引起，属于真菌性疾病。水霉菌在低水温的环境下会迅速繁殖，但在混浊的水体内，即使水温高也会滋生。由于水霉菌要寄生在无生命物体上，所以只有当鱼体体表组织受到损伤时，才会附着在受伤部位上，而不会附着在健康的鱼体上。除了一般的外伤，常见锚头鳋进入鱼体后，其入侵口特别容易受到水霉菌的侵袭。所以在饲养过程中，热带鱼若受伤应尽快在伤口上涂药。

治疗：加强饲养管理，防止鱼体受伤。治疗个体时，用 0.1%～0.3% 孔雀石绿水溶液涂抹伤口和水霉发生处。患有水霉病的鱼可用浓度为 0.3% 粗盐溶液浸泡，连续 3 天，直到病情好转。或用市售治疗水霉病的药物，按照使用说明施药即可。

水霉病

◆ 寄生虫类疾病

白点病

症状：白点病也称小瓜虫病。热带鱼发病初期在胸鳍和身上出现小白点，且迅速向全身蔓延。后期鱼体表面犹如覆盖一层白色薄膜，体表黏液增多，体色黯淡，鱼体消瘦，游动缓慢，常群集于水族箱的角落或岩石处不断摩擦，试图摆脱寄生虫。如果小瓜虫寄生在热带鱼鳃内，则致使其无法呼吸，即使是大型鱼也会很快死亡。

病因：白点病的病原体是多子小瓜虫的纤毛虫，属于寄生虫病。小瓜虫是一种很常见的寄生虫，繁殖适宜水温为 15～25℃，当水温升到 28℃时，小瓜虫将停止发育。在热带鱼饲养过程中，如果出现很大的温差，热带鱼抵抗力下降，小瓜虫就很容易迅速繁殖，致使热带鱼患上白点病。

治疗：将养殖水温升至 30℃以上，让小瓜虫自然死亡，达到不药而愈的目的。同时可用浓度为 0.1 毫克/升的硝酸亚汞溶液对鱼体进行药浴，连续 3 天，直到病情好转。或用市售治疗白点病的药物，可按照使用说明施药。

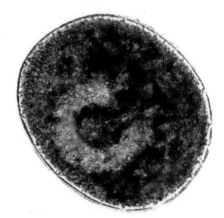

显微镜下的小瓜虫

白点病

车轮虫和斜管虫病

症状：热带鱼瘦弱、体色较深，常在水族箱角落或硬物上摩擦身体。当病原体大量侵袭热带鱼鳃部时，因鳃组织受到破坏，病鱼游到水体表面呈浮头状。

病因：车轮虫和斜管虫都属于小型纤毛虫类寄生虫，在显微镜下可以检出。车轮虫身体为圆形，较扁，外部呈碟状，内部为齿环状，由 21～30 个齿体组成。斜管虫早期呈卵圆形或肾形，具有一个卵圆形大核及若干平行排列的纤毛带。通常在热带鱼饲养管理不当、鱼体抵抗力衰弱时，才感染此类疾病。

治疗：可单独将病鱼放入医疗水族箱，用 20 毫克/升的高锰酸钾溶液浸泡病鱼 20 分钟，连续 3 天，直到病情好转。或用市售治疗寄生虫病的药物，按照使用说明施药。

放大镜下的车轮虫

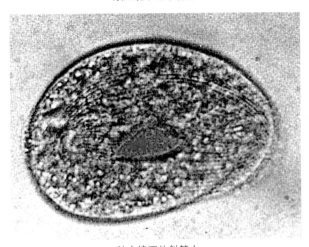

放大镜下的斜管虫

锚头鳋病、鱼虱病

症状：被锚头鳋（锚虫、箭虫）、鱼虱寄生的热带鱼食欲不振，身体发痒，常在缸里乱窜，有时寄生虫会咬烂鱼的尾巴或上、下鳍的主骨，影响外观。如果大量寄生到鳃上，则会致使病鱼呼吸急促、无法呼吸直至死亡。

病因：一般由锚头鳋、鱼虱等寄生虫寄生引起。当鱼体抵抗力下降或操作不当造成体表损伤时，就容易感染此病。

治疗：因为锚头鳋肉眼可见，将病鱼捞出，用镊子将锚头鳋一一拔出即可。处理完毕后，将鱼放回缸中，使水温保持在 31 ～ 32℃，并在水中放入粗盐，使粗盐溶液的浓度保持在 0.1% 即可，持续数天，病情会得到缓解。如果不愿意手术，或者热带鱼感染的是肉眼看不见的鱼虱，则可单独取一容器，用 0.5 毫克 / 升的敌百虫溶液浸泡病鱼 30 分钟左右，每天 1 次，直至病情好转。另外，原缸可用 2% 粗盐溶液消毒。除以上两种方法，还可使用市售治疗寄生虫的药物，按照使用说明正确使用。

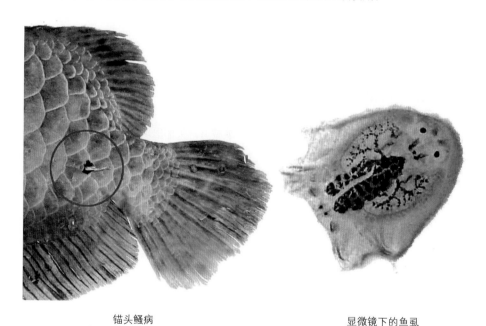

锚头鳋病　　　　　　　　　　　　　显微镜下的鱼虱

◆ **细菌类疾病**

皮肤发炎充血病

症状：热带鱼的眼眶四周、鳞片、鳃盖、腹部、尾柄等处发炎充血，日常比较常见，有时候各鳍基部也有充血现象，严重时鳍条破裂。解剖后可见，鱼体内脏如肠道、肾脏、肝脏等均有不同程度的炎症和充血。病鱼浮于水体表面或沉于水底，游动缓慢，反应迟钝，食欲较差。

病因：由细菌引起，属于细菌性疾病，具体细菌种类不详。感染原因为水质不洁或饵料变质造成鱼体抵抗力下降，致病菌感染而发作。

治疗：注意合理的饲养密度，使水体溶解氧维持在 5 毫克 / 升。加强饲养管理，多投喂富含蛋白质的饵料，以增强鱼体抵抗力。将病鱼放入医疗水族箱，用 5 毫克 / 升的呋喃西林溶液浸泡，水温和原养殖水体保持一致，浸泡病鱼 30 分钟左右，每天 1 次，直至病情好转。另外，原水族箱可用 0.2%

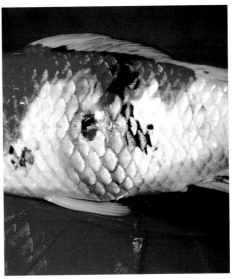

皮肤发炎充血

粗盐溶液消毒。如果大部分热带鱼患病，则在原水族箱中加入 2 毫克 / 升的呋喃西林溶液，连续 3 天浸泡病鱼，直到病情好转。

头洞病

症状：患头洞病的热带鱼，早期表现食欲减退，头部出现疮疤。如果继续恶化，就会出现开孔，好像被汤匙挖开一般，可见到里面的肌肉腐烂、充血，严重时甚至可

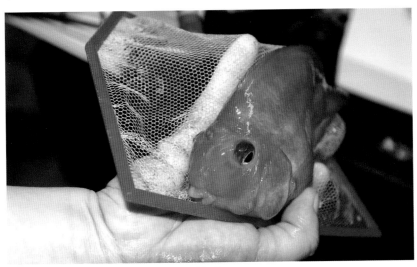

头洞病

以看到鱼骨。

病因：由柱状纤黏细菌感染引起，属于细菌性疾病。发病原因是热带鱼抵抗力降低或饵料不清洁，致细菌感染而发作。

治疗：要用棉签将穿孔部位的脓状物全部清除干净后才能施药。用1%的紫药水或甲硝唑片粉末涂抹患病部位，然后用凡士林固定药液；再将病鱼放入有5毫克/升的呋喃西林溶液的医疗水族箱中，水温和原养殖水体保持一致，浸泡病鱼30分钟左右，每天1次，直至病情好转。

烂鳍烂尾病

症状：烂鳍烂尾病的症状共有两种表现形式：一种是由鳍边开始腐烂，再向内延伸，看上去各鳍缺损、参差不齐；另一种是由鳍中央部分开始腐烂，向四面八方延伸。最为常见的是烂尾病，发生时尾鳍呈扫帚状，如果病情恶化，全身皮肤充血，鱼体瘦弱，直至死亡。

病因：烂鳍烂尾病是柱状黏球菌和霉菌共同作用的结果。感染原因有两个：一是因为养殖密度过大，过滤系统的功能不理想，热带鱼的代谢产物累积过多，造成热带鱼抵抗力下降，致病菌滋生而感染。二是因为引进新鱼或换水时，水质差异或紧张造成鱼体不适，使表面黏液分泌异常，鱼鳍边缘因为薄弱而感染。

治疗：原水族箱要加入呋喃西林，使水体浓度为2毫克/升，连续3天，直到病情好转。将病情严重的鱼放入医疗水族箱，用5毫克/升的呋喃西林溶液浸泡病鱼30分钟左右，水温和原养殖水体保持一致，每天1次，直至病情好转。也可用市售治疗烂鳍烂尾病的鱼药，按照使用说明施药。

烂鳍烂尾病

肿嘴病

症状：发病初期，热带鱼嘴唇上出现小米一样的颗粒，有时可能在口腔内。这种病发作很快，能在半天内使鱼的嘴像猪嘴一样突出来，嘴唇肿胀、溃烂，导致嘴部不能张闭，3天内就可以造成鱼的死亡，严重时整个嘴唇会脱落。

病因：由纤维黏细菌引起。此病可传染，因此病鱼要及时隔离治疗。罗汉鱼等大型鱼非常容易患此病。水质不洁、饵料变质、外伤、水质变化明显等都容易引发本病。

治疗：用1%孔雀石绿溶液或高锰酸钾溶液涂抹患病部位，再用凡士林固定药液，然后将病鱼放入医疗水族箱。医疗水族箱用5毫克/升的呋喃西林或呋喃唑酮溶液浸泡病鱼30分钟左右，水温和原养殖水体保持一致，每天1次，直至病情好转。另外，原养殖水体可用0.2%粗盐溶液消毒。

肿嘴病

竖鳞病

症状：热带鱼食欲不振，无力游泳，整个鱼体膨胀、浮肿，全身鳞片张开，像松塔一样，有时伴有各鳍基部和皮肤充血。严重时体表出血，眼球外凸，鳞片脱落，病鱼腹部向上沉在水底，最后衰竭而死。

病因：由小型点状假单孢菌引起，属于细菌性疾病。当鱼体表受伤、患有其他疾病、受新水刺激、水质不良引起鱼抵抗力下降或体表黏膜受损时，病菌侵入而致病。

治疗：将病鱼放入医疗水族箱，用5毫克/升的呋喃西林或呋喃唑酮溶液浸泡病鱼30分钟左右，水温和原养殖水体保持一致，每天1次，直至病情好转。另外，原养殖水体可用0.2%粗盐溶液消毒。严重时注射青霉素钠或青霉素钾，一次量为每千克鱼体重10万～20万单位，每隔1天注射1次，直到病情好转。

竖鳞病

凸眼病

症状：病鱼眼睛外面覆盖一层薄膜，患此病的鱼神色黯淡、没有食欲，常常躲在水族箱的角落里。严重时眼睛向外凸出，失去进食能力，最后耗尽身体能量而死。

病因：由细菌和霉菌共同作用引起，罗汉鱼等大型鱼非常容易患此病。水质不洁、饵料变质、外伤、水质变化明显等都容易引发本病。

治疗：将病鱼放入医疗水族箱，用 0.2% 的亚甲蓝或 8 毫克 / 升的硫酸铜溶液浸泡病鱼 30 分钟左右，水温和原养殖水体保持一致，每天 1 次，直至病情好转。另外，原养殖水体可用 0.2% 粗盐溶液消毒，或用市售治疗凸眼病的鱼药，按照使用说明用药。

凸眼病

细菌性烂鳃病

症状：病鱼鳃部充满黏液，鳃丝和鳃盖表皮均有充血现象，鳃丝由红变白，逐渐腐烂并带有污物，最后发展到全鳃。患病的热带鱼呼吸急促、鳃盖开合不正常、浮头，不久会因为失去呼吸能力而死亡。

病因：由柱状纤维黏细菌引起，为细菌性疾病。大多因为水质不稳定、饵料不清洁而患病，特别是后者更容易致病。

治疗：普通家庭养殖一般不会配备显微镜，因此很难判断是寄生虫性烂鳃还是细菌性烂鳃。治疗时选择市售烂鳃药物是个不错的选择，因为市售烂鳃药物的配方一般都是兼顾驱虫和杀菌的功效，效果比较明显，可以按照使用说明施药。

细菌性烂鳃

肠炎病

症状：肠炎病也称腹水。患肠炎病的鱼排泄黏液状粪便，有时粪便还附在肛门上呈现白色细条状，有时会出现腹部肿胀。严重时病鱼食欲会完全丧失，肛门红肿继而出血。

病因：肠炎病的病原一般为细菌或寄生虫。如果投喂带有细菌或变质的饲料，细菌或寄生虫就会随饲料进入热带鱼肠道。如果热带鱼抵抗力低，就会因此发病。

治疗：首先停食并将水温提高 1 ~ 2℃，改善水体环境。将病鱼放入医疗水族箱，用 4 毫克 / 升的呋喃唑酮溶液浸泡 20 分钟，每天 1 次，直到病情好转。同时将呋喃唑酮拌入饲料中投喂病鱼，一次用量为每千克鱼体重 0.1 ~ 0.2 克，让病鱼连服 3 天或直到病情好转。

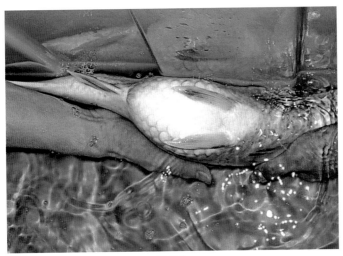

肠炎病

肠炎病内脏解剖图

图书在版编目 (CIP) 数据

养热带鱼 & 水草　你学得会 / 王婷主编 . —福州：
福建科学技术出版社，2017.1
ISBN 978-7-5335-5198-8

Ⅰ . ①养… Ⅱ . ①王… Ⅲ . ①热带鱼类 – 鱼类养殖
Ⅳ . ① S965.8

中国版本图书馆 CIP 数据核字（2016）第 291135 号

书　　名	养热带鱼&水草　你学得会	
主　　编	王　婷	
出版发行	海峡出版发行集团	
	福建科学技术出版社	
社　　址	福州市东水路76号（邮编350001）	
网　　址	www.fjstp.com	
经　　销	福建新华发行（集团）有限责任公司	
印　　刷	福州德安彩色印刷有限公司	
开　　本	700毫米×1000毫米　1 / 16	
印　　张	11	
图　　文	176码	
版　　次	2017年1月第1版	
印　　次	2017年1月第1次印刷	
书　　号	ISBN 978-7-5335-5198-8	
定　　价	35.00元	

书中如有印装质量问题，可直接向本社调换